〔明〕計　成　原著　陳　植　注釋　楊超伯　校訂　陳從周　校閱

園冶注釋

（第二版）　（重排本）

中國建築工業出版社

余少負向禽〔1〕志，苦爲小草〔2〕所紲。幸見放〔3〕，謂此志可遂。適四方多故，而又不能違兩尊人菽水〔4〕，以從事逍遥遊〔5〕；將鷄塒、豚柵、歌戚而聚國族〔6〕焉已乎？鑾江地近，偶問一艇于寤園柳淀間，寓信宿，夷然樂之。樂其取佳丘壑，置諸籬落許；北垞南陔〔7〕，可無易地，將嗤彼雲裝烟駕〔8〕者汗漫〔9〕耳！兹土有園，園有「冶」，「冶」之者松陵〔10〕計無否，而題之冶者，吾友姑孰〔11〕曹元甫〔12〕也。無否人最質直，臆絶〔13〕靈奇〔14〕，儂氣客習〔15〕，對之而盡。所爲詩畫，甚如其人，宜乎元甫深嗜之。予因剪蓬蒿甌脱〔16〕，資營拳勺〔17〕，讀書鼓琴其中。勝日，鳩杖〔18〕板輿〔19〕，仙仙〔20〕于止。予則「五色衣」〔21〕，歌紫芝曲〔22〕，進兕觥〔23〕爲壽，忻然將終其身，甚哉，計子之能樂吾志也，亦引滿以酌計子，于歌餘月出，庭峯悄然時，以質元甫，元甫豈能已于言？

崇禎甲戌清和〔24〕届期，園列敷榮〔25〕好鳥如友，遂援筆其下。

石巢〔26〕阮　大　鋮〔27〕

［釋文］

我自少即懷隱逸山林之志，苦于爲仕途所束縛，不能遂我初志。幸蒙朝廷放逐，自謂此志從此可以如願以償了；却遇四方戰亂，且不能遠離父母，放棄侍奉之責，而去追求個人漫遊四方之願。但是否就此終與鷄窩猪圈爲伍，和家人聚居，而不再作他想呢？

鑾江（按：即今江蘇省儀徵縣的屬江，故以鑾江稱儀徵，闞鐸氏識語内，稱在懷寧附近，似誤）和我家相近（按此時阮大鋮寄居南京），偶然僱一小船，駛往寤園柳淀之間住了兩宿，覺得非常安適，樂其能將所有幽美的丘壑，都能羅列在籬落之間，使園林之勝、菽水之歡可兼而有之，不必外求了。因此，可笑那些遠涉山水，作「汗漫遊」的人，真是多此一舉！這裏既有園林，而關于園林的建造，又有專門的著作，著作這本書的人，是吴江計無否，而爲這本書題名的，是我的朋友姑孰曹元甫。

無否爲人，非常質樸爽直，聰明過人。庸俗之氣與之相遇，消除殆盡。他平生所作的詩畫，很像他的爲人，無怪乎曹元甫深愛其人了。

我因此，也把一塊邊隅餘地，剪除蓬蒿，經營爲園，叠石堆山，以爲讀書彈琴之所，的水源又很深；還有喬木高聳，上干雲霄，虬枝低垂，下拂地面。我說：「在這裏建造園林，不但要叠石使高；還應該挖土使深，使所有喬木都錯落分佈于山腰，根系盤駁穿鑿在石間，真像一幅圖畫；沿着池邊的山上，構造亭臺，疏疏落落地影入水面，並加上迴環的洞壑和飛渡的長廊，境界之美，使人出乎意想之外。」園既落成，吴公欣然地說：「從入門以至出園，雖僅計步四百，但自以爲江南勝景，爲我們盡收眼底了。」還有小型建築，雖屬片山斗室，規模不大，但我認爲胸中所懷的設想，也已充分發揮出來了，自己更加感到高興。

那時，又有汪士衡中書，邀我在鑾江之西興造園林，似乎還符合我們的意圖，和吴又予公所造園林，並稱于大江南北。

暇時我整理了自己的圖式文稿，題名叫《園牧》。姑孰曹元甫先生到此（按指儀徵汪氏寤園）遊覽，主人與我陪他在園中盤桓，並留之信宿，曹先生對此園結構，讚不絕口，認爲看到的彷彿是一幅關仝、荆浩的山水畫，能不能把這些方法用文字敘述出來呢？我即將所製的圖式給他看，曹先生說：「這真是千古以來沒有聽到見到的，爲什麼叫作『牧』呢？這是你的創造嘛，應當改稱爲『冶』。」

時崇禎辛未（公元一六三一年）秋末　否道人　暇時記于扈冶堂中。

［注釋］

〔1〕不佞——即「不才」之意，自己的謙稱。

〔2〕關仝、荆浩——關仝，五代長安人，善畫山水，好作「秋山寒林圖」。畫法師荆浩，與荆浩齊名。荆浩，後梁沁水人，字浩然，隱太行山之洪谷，自號「洪谷子」，通經史，善屬文，而尤以畫名于世，自成一家。其所畫山水，世以爲唐宋之冠，著有《山水訣》。

〔3〕燕——今北京。

〔4〕楚——今湖南、湖北。

〔5〕吴——今江蘇。

〔6〕擇居——選擇居處之意。

〔7〕潤州——今江蘇省鎮江市。

〔8〕勾芒——相傳爲掌林政之官。《左傳》昭公二十九年：「木正曰勾芒。」

〔9〕拳磊——拳狀石頭的堆積。

〔10〕壁——峭壁之壁，此處指壁山。

〔11〕晉陵——今江蘇省常州市。

〔12〕方伯——明、清兩代的布政使，爲主管一省民財兩政的官吏，通稱「藩臺」，亦稱「藩司」、「方伯」、「東司」。吴玄曾任江西參政，參政爲布政使的佐官，稱之爲「方伯」，似屬尊稱。其園名「東第園」。

〔13〕吴又予——吴玄，字又予，因避清帝康熙名諱，改爲「元」，武進人。吴中行子，萬曆進士，歷任江西參政，有《率道人集》。

〔14〕温相——元代温國罕達，蒙古族，曾任集慶軍節度使。

〔15〕司馬温公獨樂園——宋·司馬光封温國公，人因以「温公」稱之。曾築獨樂園于河南洛陽城南，並自撰《獨樂園記》。

〔16〕篆壑——深奥彎曲的溪壑。

〔17〕飛廊——在高處築起長廊，如飛渡一般。

〔18〕四百——原爲四里，疑爲四百之誤。

〔19〕中翰——官名。「中書」又稱「中翰」。漢武帝始令宦者典居尚書，謂之「中書謁庭」，並設有中書令，以掌禁中書記，故謂之「中書」。成帝時以士人爲之。明置「内閣中書」及「中書科中書」。

〔20〕鑾江——地名，今江蘇省儀徵縣。

〔21〕姑孰曹元甫——見前冶叙注〔11〕、〔12〕。

〔22〕冶——鎔鑄也。《園冶》意謂園林建造、設計之意。

〔23〕時——原書脱一時字，按明版本改正。

〔24〕杪——樹木的梢端，此處當作末字解。

〔25〕否道人——計成，字「無否」，號「否道人」，明·吴江人，生于萬曆十年（公元一五八二年），晚年卜居鎮江，善畫，工詩，尤擅造園藝術。阮大鋮有詩稱：「無否東南秀」。鄭元勳稱之爲「國能」。足見爲當時士大夫所推重，其藝術造詣之深，實有獨到之處。

〔26〕扈冶堂——自序末「暇于扈冶堂中題」，時期注明崇禎辛未，即崇禎六年，説明《園冶》在是年完成于寤園，扈冶堂爲寤園中主要景物之一。

遇到良辰佳節，侍奉老親，扶杖驅車，歡欣舞蹈于其間。我並學老萊子的樣子，穿「五色衣」歌「紫芝曲」，進酒爲老人祝壽，就想這樣愉快地度過終身。計君真能樂我志之所好，我因亦斟酒滿杯以酬計君。在歌已罷，月初升，園山靜寂的時候，以此詢元甫，元甫怎能默爾不言？

時值崇禎甲戌年（公元一六三四年）四月，在這時候，園樹呈現繁榮的景象，小鳥像友好的親朋，就提筆記在這樣美好的景色之下吧。

石巢阮　大鋮

[注釋]

〔1〕向禽——向（長平），禽（慶）。兩個人名。《後漢書·逸民傳》：「向長平，隱居不仕，與同好北海禽慶，俱遊五岳名山，竟不知所終。」

〔2〕小草——小草即遠志苗。《爾雅·釋草》稱：「葽蒬」、「棘蒬」，爲一種藥草，屬遠志科。《本草綱目》：「此草服之益智强志，故有遠志之稱。」《世説新語》：「何一物而有二稱？時郝隆在座，應聲答曰：「此甚易解，處則爲『遠志』，出則爲『小草』。」在此處作「出仕」解。

〔3〕見放——古人作官被朝廷廢斥謂之「放」。《楚辭·漁父篇》：「屈原既放」，「是以見放」。注：「棄草野也」。

〔4〕菽水——孝親之意。《禮記·檀弓》：「啜菽飲水，盡其歡，斯之謂『孝』」。

〔5〕逍遥遊——《庄子》有《逍遥遊》篇，猶謂毫無罣碍，可以四處漫遊之意。

〔6〕歌戚而聚國族——《禮記·檀弓下》：「晉獻文子成室，張老曰：『歌于斯，哭于斯，聚國族于斯』。」孔穎達疏謂：「此室可以祭祀歌樂，居喪哭泣，燕聚國賓及會宗族。」就是「終始永足」長久安居的意思。

〔7〕北垞南陔——垞是小丘，唐代王維輞川别業中有「北垞」「南垞」諸勝。北垞，此處作「庭園」或「庭園景物」解。「南陔」，《詩經·小雅·笙》詩篇名。按其詩已佚。詩序：「南陔，孝子相戒以養也。」南陔，此處作孝子養親解。

〔8〕雲裝烟駕——「雲裝」即雲衣之意。梁·江淹《謝光禄庄郊遊詩》：「雲裝信解黻，烟駕可辭金」。唐·馬戴《楚江懷古詩》：「看山候明月，聊自整雲裝」。「烟駕」猶言出門雲遊烟霞。

〔9〕汗漫——意謂廣泛也。《淮南子·道應》：「盧敖遊乎北海，經乎太陰，入乎元闕，至于蒙穀之上，見一士焉，與之語曰：子殆可與敖爲友乎？若士者答曰：子處矣，吾與汗漫期于九垓之外，吾不以久駐。若士舉臂而竦身，遂入雲中。」注：「汗漫，不可知之也。」杜甫詩：「甘爲汗漫遊」。

〔10〕松陵——地名，今江蘇省吳江縣。《一統志》：「吳江一名松江，又名：『松陵』。」宋·姜夔詩：「自琢新詞韻最嬌，小紅低唱我吹簫。曲終過盡松陵路，回首烟波十四橋。」

〔11〕姑孰——地名，今安徽省當塗縣。

〔12〕曹元甫——名履吉，字元甫，號根遂，幼穎敏，受知于邑宰王思任，曰：「東南之幟在子矣。」明·萬曆四十四年丙辰（公元一六一六年）進士，著有《博望山人藁》、《辰文閣》、《青在堂》、《携謝閣》等集行世。

〔13〕臆絶——臆通作「意」，「絶」與「極」通。含有性格非常之意。

〔14〕靈奇——聰明靈秀之意。「臆絶靈奇」含有性格極爲聰明之意。

〔15〕儂氣客習——儂《正韻》：「俗謂我爲儂」，疑指賓主周旋俗套而言，出處待考。

〔16〕甌脱——邊緣地區。《匈奴傳》：「東胡與匈奴間，有棄地千餘里，各居其邊，爲『甌脱』。」

〔17〕拳勺——意謂山水。《中庸·故至誠》：「今夫山，一拳石之多……；今夫水，一勺之多……。」

〔18〕鳩杖——老人的手杖，杖端以鳩鳥爲飾。《漢書·禮儀志》：「仲秋之月，賜玉杖，長九尺，端以鳩鳥爲飾。鳩者不噎之鳥也，欲老人不噎。」

〔19〕板輿——車名，一名：「步輿」。見晉·潘岳《閒居賦》：「士大夫乃御板輿。」鳩杖板輿一句，含有閒居奉親遊園之意。

〔20〕仙仙——舞貌，原作「僊僊」。《詩·小雅》：「賓之初筵，屢舞僊僊。」

〔21〕五色衣——相傳春秋時期，楚人老萊子，性至孝，年七十，常着五色斑斕衣，作嬰兒戲，以娱其親。

〔22〕紫芝曲——歌名。《古今樂録》：「四皓隱于南山，作歌名『紫芝歌』。歌曰：『莫莫高山，深谷逶迤，曄曄紫芝，可以療饑。唐虞世遠，吾將何歸？駟馬高蓋，其憂甚大。富貴之畏人兮，不若貧賤之肆志。』」唐·杜甫《洗兵馬詩》：「隱士休歌紫芝曲」。

〔23〕兕觥——盛酒之器，即酒杯。《詩經·豳風·七月》：「我姑酌彼兕觥」。

〔24〕清和——唐、宋以後一般指農曆四月，漢魏六朝人則指農曆二月。北宋·司馬光《客中初夏詩》：「四月清和雨乍晴。」又按《古詩源》載「宋·謝靈運《遊赤石進泛海詩》：『首夏猶清和，芳草亦未歇。』注：張衡《歸田賦》：『仲春令月，時和氣清』，指二月言，此言首夏，猶之清和，芳草亦未歇也，後人以四月爲清和，謬矣。」

〔25〕敷榮——開花之意。漢·焦延壽《易林》「春草萌生，萬物敷榮。」晉·嵇康《琴賦》「迫而察之，若衆葩

敷榮耀春風。」

〔26〕石巢——阮大鋮自號「石巢」，石巢園在其故鄉懷寧。爲《園冶》作序，時在崇禎七年甲戌（公元一六三四年）尚在懷寧，翌年乙亥卽崇禎八年，始遷居南京庫司坊，（在聚寶門今「中華門」西），其宅園（見阮大鋮《詠懷堂詩》）名「俶園」。《上江縣志》所引《白下瑣言》：「南京庫司坊阮大鋮宅卽石巢園」；及近人陳詒紱著《金陵園墅志》：「石巢園，卽大鋮園，在庫司坊，世人穢其名爲「褲子襠」，說明阮氏園南京一般稱之爲「石巢園」，而俶園之名，反隱而不彰矣。

〔27〕阮大鋮——懷寧人，字集之，號圓海，又號百子山樵。明崇禎時，附魏忠賢，名列逆案，失職後，居南京，頗招納遊俠。時復社名士顧杲等，作「留都防亂揭」逐之。福王立，馬士英秉政，引爲兵部尚書，清兵渡江，走金華爲紳士所逐，轉投方國安。《明史·佞倖傳》：「大鋮等赴江干乞降，從大兵攻仙霞關，僵仆石上死。」

題詞

古人百藝，皆傳之于書，獨無傳造園者何？曰：「園有異宜，無成法，不可得而傳也。」異宜奈何？簡文〔1〕之貴也，則華林〔2〕；季倫〔3〕之富也，則金谷〔4〕；仲子〔5〕之貧也，則止于陵片畦〔6〕；此人之有異宜，貴賤貧富，勿容倒置者也。若本無崇山茂林之幽，而徒假其曲水〔7〕；絕少「鹿柴」〔8〕「文杏」〔9〕之勝，而冒托于「輞川」〔10〕，不如嫫母〔11〕傅粉塗朱，祇益之陋乎？此又地有異宜，所當審者。是惟主人胸有丘壑，則工麗可，簡率亦可。否則强爲造作，僅一委之工師、陶氏，水不得潆帶之情，山不領迴接之勢，草與木不適掩映之容，安能日涉成趣〔12〕哉？所苦者，主人有丘壑矣，而意不能喻之工，工人能守，不能創，拘牽繩墨，以屈主人，不得不盡貶其丘壑以徇，豈不大可惜乎？此計無否之變化，從心不從法，爲不可及；而更能指揮運斤，使頑者巧，滯者通，尤足快也。予與無否交最久，常以剩水殘山，不足窮其底蘊，妄欲羅十岳〔13〕爲一區，驅五丁〔14〕爲衆役，悉致琪華、瑤草、古木、仙禽，供其點綴，使大地焕然改觀，是亦快事，恨無此大主人耳！然則無否能大而不能小乎？是又不然。所謂地與人俱有異宜，善于用因，莫無否若也。即予卜築城南，蘆汀柳岸之間，僅廣十笏〔15〕，經無否略爲區劃，別現靈幽。予自負少解結構，質之無否，愧如拙鳩〔16〕。宇內不少名流韻士〔17〕，小築臥遊〔18〕，何可不問途無否？但恐未能分身四應，庶幾以《園冶》一編代之。然予終恨無否之智巧不可傳，而所傳者祇其成法，猶之乎未傳也。但變而通，通已有其本，則無傳，終不如有傳之足述，今日之「國能」〔19〕即他日之「規矩」，安知不與《考工記》〔20〕並爲膾炙〔21〕乎？

崇禎乙亥午月朔〔22〕友弟鄭　元　勳〔23〕書于影園〔24〕。

明刻本有鄭序真蹟，列于計氏自序之前，而營造學社本列自序後，按明版改正。

［釋文］

古人各種藝術，都有專著，流傳後世，爲什麼獨獨沒有流傳關于「造園」的著作？「因爲造園因人因地制宜，並無一定的成規可循，所以不可能筆之于書，而流傳到後世。」何謂「異宜？」以簡文帝之貴，而有富麗的「華林園」；以石季倫之富，而有豪奢的「金谷園」；以陳仲子之貧，而僅能在于陵，有一小片的菜園，這由于人有貴、賤、貧、富的不同，而園亦隨之異宜，是決不容任意顛倒的。假如本來沒有崇山茂林的幽雅，而借用「流觴曲水」的美名，絕少「鹿柴」「文杏」的佳勝，而冒托「輞川別業」的雅號，這不正像「嫫母」塗脂抹粉，衹能使之顯得更醜嗎？這是由于地方環境的不同，而園亦當隨之異宜，是應審慎考慮的。所以，衹要主人胸中有丘壑，則園的構造，既可以華麗，亦可以簡樸。否則，勉強建造，一切委托木工、瓦匠來負責，其結果，必致水得不到瀠洄如帶的情景，山起不着迴環接應的形勢，草和木成不了相互掩映的姿態，怎樣能使人們「日涉成趣」呢？所苦的是主人胸中本有丘壑，但自己不能向工匠表達意圖，使之領會，而工匠衹能墨守成法，不知創作，常常拘泥成規，使主人委屈就範，而不得不放棄自己所有的見解，來完全遷就他們，豈不是太可惜嗎？所以計無否對造園變化從心，不拘成法，是一般人所不可及的。他更能親自實踐，就地指揮，使石由頑變巧，由塞成通，更是大快人意。我同無否交遊最久，知他常感偏于一地的山水，不能充分發揮他所積累的學識，幻想將「十岳」羅列在一區，驅使「五丁」爲他服務；搜集世間所有的琪華、瑤草、古木、仙禽，供他佈置點綴，使大自然改變面貌，煥然一新，這也是一大快事。遺憾的是缺少這樣大魄力的主人！那末，如此說來，無否衹能設計大型，而不能設計小型的嗎？這又不然。上邊所說的，所謂地和人的客觀條件，各有不同，而善于利用客觀條件者，都不如無否。就我定居城南的小築而論，地介蘆洲柳岸之間，面積甚小，經無否約略規劃，便顯靈秀幽奇，別具一種景象。我覺得自己對于園林結構，還是懂得一些的，但比之無否，就好像不會營窠的拙鳩了。世上不少風雅之士，要想小築園林，以供憩遊，怎麼可以不請教無否呢？祇恐無否無法分身，以應四方之聘，只有將所著《園冶》以代其勞。雖然如此，我總是對無否的智慧、技巧的無法流傳，所能傳者祇是他的成法而深感遺憾！這樣地傳授，依然等于不傳。但是可以依據成法靈活運用，變而不離其本，如此則無傳總不如有傳的能使人有所遵循了。他的造詣，是當今國内的能手，同時也是後世的典範，難道不能與《考工記》同樣地爲人們稱頌嗎？

崇禎乙亥年（公元一六一五）午月朔　友弟鄭　元　勳書于影園。

[注釋]

〔1〕簡文——南北朝時南朝梁．簡文帝即文帝，武帝蕭衍之子，名綱，在位二年，爲侯景所廢。

〔2〕華林園——《世説新語．言語》：「梁簡文帝入華林園顧左右曰：『會心處不必在遠，翳然林水，便自有濠濮間想也，覺鳥獸禽魚，自來親人。』」

〔3〕季倫——石崇字季倫，爲晉代豪富，曾築金谷園于河陽，柏木萬株，江水周舍，觀、閣、池沼、游魚、仙禽畢具。

〔4〕金谷園——見上注〔3〕。

〔5〕仲子——陳仲子，戰國時期齊人，爲抱道守貧的義士。《孟子》：「陳仲子豈不誠廉士哉！」

〔6〕於陵片畦——於陵地名，今山東省長山縣。片畦作菜圃解。

〔7〕曲水——曲水流觴，古人的一種勸酒方式。晉代王羲之《蘭亭集序》：「此地有崇山峻嶺，茂林修竹，又有清流激湍，映帶左右，引以爲流觴曲水。」

〔8〕鹿柴——園中籬落之意。鹿柴，木蘭柴、竹里館、文杏館、南垞、北垞……都是唐代王維輞川別業中的勝景，見《王維詩序》。

〔9〕文杏——杏樹的一種。《西京雜記》：「初修上林苑，羣臣遠方各獻名果、奇樹。亦有製爲美名，以標奇麗……杏：文杏，蓬萊杏。」

〔10〕輞川——唐代詩人王維的「輞川別業」。

〔11〕嫫母——傳説爲古代醜婦，黃帝的第四妃。見《史記．五帝紀．索隱．注》。《淮南子》：「里人諺曰：『嫫母有所美，西施有所醜』。」

〔12〕日涉成趣——晉．陶淵明《歸去來辭》：「園日涉以成趣。」

〔13〕十岳——除五岳之外尚有五大鎮山，合稱「十岳」，即天下名山之意。

〔14〕五丁——力士之意。《水經注》：「秦惠王欲伐蜀，而不知道，作五石牛以金置尾下，言能便金，蜀令五丁引之成道，因曰：『石牛道』。」《蜀王本紀》：「天爲蜀王生五丁力士」。

〔15〕十笏——笏，古代官吏手中所執，用以記事的狹長版子，俗稱「朝板」，長度約爲一尺左右。《濳確類書》：「唐王玄策使西域，有『維摩居士石室』，以手版縱横量之，得十笏。」十笏言面積狹小。

〔16〕拙鳩——笨拙如鳩之意。相傳鳩拙于營巢，占鵲巢而居之。《禽經》：「拙者莫如鳩，不能爲巢。」

〔17〕名流韻士——舊時代士大夫階級愛好風流雅事者之通稱。

〔18〕卧遊——謂在一個小範圍内造成奇峯曲水，不須出門遠涉山林，卽可遊玩之意。《宋書·宗炳傳》：「炳好山水，愛遠遊，有疾還江陵，嘆曰：『名山恐難徧覩，惟當澄懷觀道，卧以遊之。』凡所遊履，皆圖之于室。」

〔19〕國能——著名于一國的技能。《庄子·秋水篇》：「未得國能。」唐·韋貫之《南平郡王高崇文神道碑》：「術窮秘要，藝擅國能。」

〔20〕《考工記》——書名，卽《周禮》第六篇，記載關于百工之事。

〔21〕膾炙——膾爲細切肉，炙爲燔肉之意。《孟子·盡心》：「膾炙所同也」。注：「孟子言膾炙雖美，人所同嗜也」，指爲人所讚美的詩文，謂之「膾炙人口」。

〔22〕午月朔——陰曆五月初一日。夏正建寅，故五月爲午月。陰曆每月初一日「朔」。

〔23〕鄭元勳——字超宗，號惠東，安徽省歙縣人，占籍儀徵，家江都，生于明萬曆三十六年（公元一六〇八年）。明·崇禎癸未（卽崇禎十六年公元一六四三年）進士，工詩畫，撰有《媚幽閣文娱》，築影園于江都縣城南。甲申（公元一六四四年）爲人誤殺，年僅四十有六。

〔24〕影園——《五架書屋文苑實録》：「鄭元勳……，（崇禎）五年卜得城南廢園，將營以爲養母讀書之所。玄宰（董其昌）適在揚州，意其地蓋在『柳影、水影、山影』之間，爲題『影園』額。七年得京口（鎮江市）造園名家計無否贊助，經年園成。」《影園自記》中有：「吾友計無否善解人意，意之所向，指揮匠石，百無一失，故無毁畫之恨」的紀事。鄭有《影園自記》載所輯《影園瑶華集》；茅元儀亦有《影園記》；《揚州畫舫録》並節録《影園自記》于《城西録》中，均可參閱，以覘計氏造園藝術之高度水平。

自序

不佞〔1〕少以繪名，性好搜奇，最喜關仝、荆浩〔2〕筆意，每宗之。遊燕〔3〕及楚〔4〕，中歲歸吴〔5〕，擇居〔6〕潤州〔7〕。環潤皆佳山水，潤之好事者，取石巧者置竹木間爲假山，予偶觀之，爲發一笑。或問曰：「何笑？」予曰：「世所聞有真斯有假，胡不假真山形，而假迎勾芒〔8〕者之拳磊〔9〕乎？」或曰：「君能之乎？」遂偶爲成「壁」〔10〕，覩觀者俱稱：「儼然佳山也」；遂播聞于遠近。適晉陵〔11〕方伯〔12〕吴又予〔13〕公聞而招之。公得基于城東，乃元朝温相〔14〕故園，僅十五畝。公示予曰：「斯十畝爲宅，餘五畝可效司馬温公『獨樂』製。」〔15〕予觀其基形最高，而窮其源最深，喬木參天，虬枝拂地。予曰：「此製不第宜掇石而高，且宜搜土而下，令喬木參差山腰，蟠根嵌石，宛若畫意，依水而上，構亭臺錯落池面，篆壑〔16〕飛廊〔17〕，想出意外。」落成，公喜曰：「從進而出，計步僅四百〔18〕，自得謂江南之勝，惟吾獨收矣。」别有小築，片山斗室，予胸中所蘊奇，亦覺發抒略盡，益復自喜。時汪士衡中翰〔19〕，延予鑾江〔20〕西築，似爲合志，與又予公所構，並騁南北江焉。暇草式所製，名《園牧》爾。

姑孰曹元甫〔21〕先生遊於茲，主人偕予盤桓信宿。先生稱讚不已，以為荊關之繪也，何能成於筆底？予遂出其式視先生。先生曰：「斯千古未聞見者，何以云『牧』？斯乃君之開闢，改之曰『冶』〔22〕可矣。」

時〔23〕崇禎辛未之秋杪〔24〕否道人〔25〕暇於扈冶堂〔26〕中題。

〔釋文〕

我少年時，即以繪畫知名，性好探索奇異，最愛關仝和荊浩的筆意，作畫時常取法他們。後來，漫遊燕京及兩湖等地，中年返蘇，擇居於鎮江。鎮江四圍，山水佳勝，愛好園林的人，把形狀奇巧的山石，佈置於竹木之間，疊成假山，我偶然見之，不覺為之一笑。有人問：「為什麼笑？」我說：「聽說有『真』的就有『假』的：為什麼不模仿真山的形態，偏要假成像迎春神時拳大石頭的堆積呢？」有人說：「妳能這樣做麼？」我就巧合疊成壁山。見到的人都說：「居然像一座好山。」從此，我的「疊山」技巧，就這樣被人傳播到遠近各處。恰巧，武進有做過布政使的吳又予公，聞我的名而來邀。吳公在城東得基地一塊，原是元朝溫相的舊園，面積僅十五畝。吳公對我說：「其中用十畝地，建築住宅，其餘五畝，可仿效司馬溫公獨樂園的遺制造園。」我觀察這塊地基，形勢最高，並追求它

總序

同里鎮的歷史文化源遠流長，尤其是明清兩朝，在這方寶地營造了大批宅第園林。至今保護較好的有明代建築耕樂堂、三謝堂、五鶴門樓、承恩堂等十餘處。清代建築退思園、嘉蔭堂、崇本堂和陳去病故居等二十餘處。其中退思園乃安徽兵備道任蘭生告老還鄉而建造的私宅園林，更是別具一格，她集江南園林建築特色爲一體，其形制、結構、形象、裝飾以及與環境的互相生成關係處理極佳。

水鄉古鎮的人，千百年來滋生出衆多的仁人志士、文人墨客，朝廷命官。據史料記載，自南宋淳祐四年（公元一二四四年）至清末，先后出狀元一名，進士四十二名，文武舉人九十餘名。這里曾誕生了南宋詩人葉茵，元至正進士、翰林承旨徐純夫，明著名造園藝術家、《園冶》作者計成，清道光進士、軍機大臣沈桂芬，清末名畫家陸廉夫等。還有近代名人辛亥革命『風雲人物』、『南社』創始人之一陳去病，著名教育家金松岑，文學家范烟橋，中國民主促進會主席王紹鏊，《文匯報》創始人嚴寶禮，中國第一個翻譯列寧著作的著名經濟學家金國寶等。

文人薈萃，奠定了如此厚重的文化底蘊。

今聞同里人，出資再版我國造園史上的巨著《園冶》，余深感欣慰，這是一件弘揚祖國優秀傳統文化的壯舉，更是爲光大祖國文化資源樹立了典範。此義舉必將被中國建築史所記載。今囑余爲再版此著而題序，如此厚愛，怎敢不從，乃欣然命筆：

計成，我國明代傑出的造園家，吴江同里人，字無否，自號否道人，生于明萬曆十年（公元一五八二年）。計成少年即以繪畫知名，且性好探索奇異，所畫宗法關仝、荆浩筆意，計成能有如此之高的造園藝術造詣，淵源在此。後來又漫遊燕京兩湖等地，直至中年歸吴，擇居鎮江。鎮江古稱東吴，境内自然景觀與人文景觀藴藏豐富，特别是六朝文化留下了珍貴的遺蹟和名篇，山水佳勝，不弔吴中，計成在這裏得掇山之術。

計成所撰《園冶》，在中國古代造園史上有着極爲崇高的地位。此書除有珍貴的文獻價值外，更有重大的科學價值。他系統闡述了建築文化與造園藝術的有機關係，立論清楚，邏輯合理。此書完成于崇禎四年（公元一六三一年），初名《園牧》，後經姑孰名士曹元甫建議改成《園冶》。全書共分三卷，第一卷分相地、立基、屋宇、裝折四篇；第二卷全誌欄杆；第三卷分門窗、墻垣、鋪地、掇山、選石、借景六篇。其中鋪地、掇山、選石、借景四篇，爲我國造園藝術之精華，並附圖二百三十五幅。

《園冶》作者其人、其品，可觀阮大鋮于崇禎七年（公元一六三四年）爲《園冶》作序中所述：『無否人最質直，臆絶靈奇，儂氣客習，對之而盡。所爲詩畫，甚如其人。』在這裏，計成的詩文之佳，人品之清，可見梗概。

《園冶》總結了中國古典園林的造園藝術，是我國第一部系統全面論述造園藝術的專書，促進了江南園林藝術的發展，是我國造園學的經典著作。此書的誕生，不但推動了我國造園歷史的進程，而且傳播到日本和西歐。日本人大村西崖在他所撰的《東洋美術史》中所提到的刻本《奪天功》即是《園冶》，日本造園名家本多静六博士曾稱《園冶》爲『世界最古之造園書籍』。二十世紀三十年代中國營造學社，八十年代陳從周先生等均曾再版，已故造園先輩學者陳植先生等，並有注釋出版，影響至大。

計成童年在同里會川橋邊生活過，據説曾有舊居五進三十五間，後一直由其後裔計重蘭等居住。歷百年風雨，終因年久失修而傾圮。一九九一年，老友陳從周先生去同里考察，曾提議在原址建造『計亭』，以示永久紀念，此議我非常贊成。

選哲鉅著，喜逢盛成，今有同鄉後人——鎮政府及各界志士仁人共倡、捐款再版。先哲若知，定含笑九泉。余深信，《園冶》的再版，必將爲祖國的園林建築事業保留一份極其珍貴的史料，她定能對建築界同仁以及熱愛祖國傳統文化的讀者有所啓迪，有所幫助，有所收獲。爲弘揚優秀的傳統建築文化，余希望更多的志士仁人參與到這活動中去，傳統文化春天的枝條已含苞待放。

小詩一首賀《園冶》再版：

無否大匠留《園冶》，
中華造園有依據。
巧石玲瓏鋪地雅，
格局有循貫東西。

盛世方知傳統好，
同里仁人義舉妙。
古鎮名流引金鳳，
江南明珠譽更高。

羅　哲　文

一九九八年十二月于北京

卷一

一 相地

二 立基

三 屋宇

四 装折

五 欄杆

卷三

六 門窗

七 牆垣

八 鋪地

九 掇山

十 選石

十一 借景

《園冶注釋》(第二版)序

《園冶注釋》一書于一九八一年問世後迄今倏已四年，在此四年間我國造園界同志對《園冶》一書之研究日益引起興趣，有關論文陸續發表，及明版《園冶》全書照片，與日本造園學泰斗上原敬二博士（一八八四—一九八一）一九七二年（日本昭和四十七年）七月問世之《解説園冶》一書之獲致，深感《園冶注釋》尚多不足之處，有從速訂正再版之必要。決定乘再版之機參考有關著作及時予以訂正，使《園冶》在國内外發生更大的作用。

《園冶》一書，以其初版附有明末時期聲名狼藉爲人不齒的阮大鋮序言而致殃及池魚，與阮氏著作同被列爲禁書，終有清一代絶迹于國内，而爲國人所淡忘。直至民國二十年（一九三一年）前後始由原在北洋政府曾任要職的董康及朱啟鈐兩氏先後從日本設法獲得《園冶》殘本，補充問世；前者卽《喜詠軒叢書》内之《園冶》，後者卽中國營造學社之《園冶》是也。從此該書得以重回祖國與國人相見。在抗日戰爭八年期間，國内文物慘遭浩劫，戰前所印《園冶》

已不復多覯；新中國成立後一九五六年城市建設出版社擬將該書重印，囑余代爲設法探覓原書，經于老友陸費執教授處借獲「營造版」一册舉以付印，卽所謂「城建版」是也。

緣年來因注釋《園冶》及近日從事訂正之故，在接觸版本問題中出現《園冶》保存原名及在日本已予改名的兩種情況，而保存原名者除國內所印三種外，在日本保存者亦已共出現五種版本：卽一爲最近由建工出版社寄供參考的三卷俱全的照片，該書于阮叙之前鈐有圓形楷書陽文「安慶阮衙藏版，如有翻印千里必治」及方形篆書陽文「扈冶堂圖書記」章各一。一爲阮序爲阮氏手跡，阮序之後鈐有「皖城劉炤刻」楷書陽文直排小章，阮氏署名下鈐有篆書陽文「阮印大鋮」及「石巢」章各一；另計成《自序》署名下鈐有篆書陽文「計成之印」及陰文「否道人」章各一，而無鄭元勛題詞。一爲現在北京圖書館收藏之膠卷，僅存一、二兩卷而缺三卷，「藏版」及「扈冶堂」章各一，則鈐於該書書尾。阮氏序同上書，鄭詞亦爲手跡，自序同上書。一爲日本東京帝國大學農學部林學科藏書，當余于民國十年（一九二一年）留學日本東京大學時得于教授本多靜六博士處目睹之，承告係購之北京書肆者；全書分成三册，惜未加細閲不知其詳，但確係明版，毫無疑義；當民國十二年（日本大正十二年、卽公元一九二三年）東京大震災時，農學部尚在東京市郊駒場，得免浩劫，想今復保存如故，安然無恙也。一爲民國二十二年（一九三三年）大連右文閣所印《園冶》。至于日本改名者一爲《奪天工》、一爲《木經全書》，前者三序俱全，「藏版」及「扈冶堂」兩章則鈐于書尾。而後者獨缺阮序，至于本文則與明版大致相同。上原敬二博士所著《解説園冶》于其自序中指出：内容係本大連所出右文閣版。上原博士並稱：「當民國二十二年（一九三三年）五月由大連市右文閣所印《園冶》係用鉛字排印，較之原本顯然易解。」因當日大連尚在日本佔領之下，國内流傳不多，故迄未見及，由此説明日本所印《園冶》又增一種，此中日兩國所有版本之大略也。由于明版照片與上原氏所著《解説園冶》兩書之得以從容對照，證明兩書内容大致相同，足爲本書校正，加强信心而使《注釋》得以及時糾正，以免以訛傳訛，而使我國造園學術寶貴遺産，在國内外造園科學發展前途中，發生更大的作用。何幸如之！

《園冶》原文以文體特殊，用辭古拙，令人生畏，夙稱難解；初稿因得力于南京工學院教授摯友劉敦楨先生之慨允支援，故敢不辭簡陋，接受任務，待問世數載以來，深感初稿不論原文及其注釋，均有不足之處，應有着手訂正之必要；適值中國建築工業出版社定有再版計劃，决竭其綿薄，乘再版之機，作一次較爲徹底的訂正。凡編次、圖名之錯改者，文句之誤解及文字之誤植者，悉予分别改正，使之恢復原貌及其原意；以限于水平，凡改而未正，或未及改正之處，尚祈讀者不吝指教，俾能作出更進一步的訂正，以惠學者，尤深感慰。此次訂正承中國建築工業出版社爲我創造條件，有關同志提出寶貴意見，老友楊超伯先生諸多贊助，均所心感，特此致謝。

崇明陳　植養材

識于南京林學院時年八十有七

一九八五年四月九日

園冶注釋序

我國造園藝術具有悠久的歷史和輝煌的成就，有關文獻，不一而足，然就中能從科學立論作出系統闡述的，要以明末吴江計成所撰《園冶》一書爲最著。該書成于明崇禎四年（公元一六三一年）。五十餘年前，得到日本造園界人士之推崇，尊爲世界造園學最古名著。自此以後，漸次引起國内學術界的注意，開始從事于殘本的搜集和文字、圖式的勘訂。民國二〇年（公元一九三一年）先後由陶蘭泉與中國營造學社分别印行，使國人重覩先賢遺著，在祖國的建築和造園藝術上，發揮了相應的作用。

《園冶》具有高度的造園藝術水平，其所以終有清一代二百六十八年間，寂然無聞，直待日本造園界發現推崇後，始引起國内學術界重視，意者該書前列阮大鋮序文，後鈐「安慶阮衙藏版」圖記，證明該書版本，實由阮氏代刻，而大鋮名掛逆案，明亡，又乞降滿清，向爲士林所不齒。計氏雖以藝術傳食朱門，然仍不免被人目爲「阮氏門客」，遭人白眼，遂併其有裨世用的專著，亦同遭不幸而被摒棄。該書之所以長期湮沒，歷久不彰者，可能卽緣于是。計氏生當封建社會，挾其卓越的造園藝術，奔走四方，自食其力，終其身，竟致「貧無買山力」，而「甘爲桃源溪口人」，充分反映了舊社會藝術家可悲的境遇。晚年仍不甘自私其能，而亟欲公諸于世，其胸襟磊落，尤屬難能而可貴，豈能不顧事實，妄肆評斥，與當日一般阿諛權閹之徒等量齊觀，而使一代藝術大師，寃蒙不潔，寧可謂乎？

新中國成立後，在黨的正確領導下，城市及風景建設，面貌一新，造園事業應時而起，出現了造園教育迅速發展的空前盛況，從而感到造園參考讀物需要的迫切。前城市建設出版社有鑒及此，經各方推薦，在一九五六年，就該書營造學社版本影印問世，惜爲數不多，還不能滿足讀者的要求。更重要的是：由于該書文體囿于明代文章的風格，駢四儷六，並雜陳當日蘇州土話，令人費解。爲求古爲今用，普遍適應讀者的願望，實有詳加注釋的必要。在各方的倡議和同志的鼓勵之下，不揣謭陋，始作嘗試。在工作過程中，得到南京工學院劉敦楨、童寯兩教授對建築名詞的注釋，予以大力的支持，楊超伯先生予以典實的查補，文字的商榷，版本的校訂，並經建築科學研究院劉致平教授代爲校閱，以底于成，均所心感。近年復將幸存的原稿，寄請同濟大學陳從周教授作深入的審閱，並代爲在滬油印，以餉同好，兼備不測，尤深感激。今承各方支持，蒙中國建築工業出版社予以正式出版，使我國造園界同志期待方殷及個人夙願所寄之作品，在舉國上下齊向四個現代化猛進之際，終能如願以償，與國人相見，使《園冶》一書，因通過注釋，而得發揮更大的作用，不可謂非我國造園界一大幸事！《園冶注釋》出版後，如蒙國内外造園界朋友，分别譯爲各國文字，使國際造園界久享盛名的《園冶》及我國造園藝術，在國際上得到進一步的理解，則豈特《園冶》一書之幸，我國造園藝術亦與有榮焉！

本稿原文以城市建設出版社影印版爲藍本，除將目次按照内容重加編排，俾便檢閲外，並將誤字、句讀及引文分别訂正。釋文儘可能體現原意，不擅加損益，但爲原文體裁及個人水平所限，其中欠妥之處容有難免，尚希讀者不吝指教，俾再版時得以訂正爲荷！

崇明陳　植養材

誌于南京林產工業學院時年八十

一九七八年十二月十日

《園冶注釋》校勘記

明代計成《園冶》一書，在造園藝術上具有高度的理論水平，是祖國文化遺産中一部很有參考價值的著作。惜原版流傳甚少，據朱啟鈐氏《重刊園冶序》及闞鐸氏《園冶識語》謂朱氏藏有影寫本，北京圖書館得一明刻本而缺其第三卷（近曾托人去北京圖書館借閲《園冶》，據悉明刻本僅有第一卷，另有膠卷一、二兩卷及明版日本抄本一、二、三卷全），朱氏校録未竟，陶蘭泉氏據以影印，其第三卷則依殘缺之抄本附益以足成之，卽陶氏《喜詠軒叢書》本（以下簡稱喜本）。闞氏聞日本内閣文庫藏有刻本，以喜本寄往校合，得日本工學博士村田治郎讎校之力，審圖斷句，刊行問世，卽中國營造學社本。新中國成立後，城市建設出版社經各方推薦，搜求闞本影印發行，卽今通行之城建本。這一切努力，都有助于我國造園藝術之發展，使蜚聲于國際之造園名著，得重與世人見面，而爲社會主義建設服務，其功匪淺。

往年，陳植教授以其所著之《園冶注釋》校勘之責見畀，發現諸家版本尚存在文字之脱衍、斷句之差誤與考證之失實等若干問題，均有待于訂正。在文字脫衍方面，如：第一卷興造論「隨基勢高下」，「隨基勢」下脫「之」。相地篇村庄地條「居于畝畝之中」，「于」疑衍。江湖地條「堪諧子晉吹簫」，「諧」當作「偕」。屋宇篇室條「古云：自半已前，實爲室」，「前」當作「後」。按《說文解字·繫傳》「古者有堂，自半已前，虛之謂之堂；半已後，實之爲室」（《康熙字典》引作《爾雅·釋宮》，誤）。第三卷謬誤較多，如：掇山篇「掃于查灰」，「于」當作「以」。內室山條「恐孩戲之預防也」，營造、城建本均誤作「妨」，按喜本改正作「防」。選石篇「時遵圖畫」，三本皆誤作「盡」，疑當作「畫」。「偏山可採」，營造、城建本均誤作「便」，依喜本改正作「偏」。湖口石條「目之爲壺中九華」，三本「壺」皆誤作「世」，據《東坡七集》改正作「壺」。宜興石條：「便于竹林出水」句，「竹林」疑爲「祝陵」之諧聲。按嘉慶《宜興縣志·疆域圖》：「祝陵依山近水」，故于原文竹林下加（祝陵）。詳見選石篇宜興石條注〔4〕。在選石各條中，費解之處尤多，意文字或有舛訛，苦于諸本大致相同，亥豕魯魚，難以校正。據計氏自謂，曾見《雲林石譜》，試取以比較之，乃見計書太湖石、崑山石、靈璧石、峴山石、湖口石、英石六條文字，均沿用《雲林石譜》，除小有刪節或稍加變動而外，基本相同。其中如：靈璧石條「其眼少（妙）有宛轉之勢」，此句下石譜有「或多空塞，或質扁樸，或成雲氣日月佛像，或狀四時之景」二十二字，意爲計氏所刪節，而改爲「有一種扁樸而成雲氣者」綴于本條之後。「或三四面全者」，「或三」下脱「面若」兩字，當爲「或三面，若四面全者，即是從土中生起」。又湖口石條「有數種」下脱「或産水中」四字。「或成類諸物」，「成」衍，「諸物」下脱「狀」字。又「亦微扣之有聲」，「亦微」上脱「色」字，下脱「潤」字。又英石條「石産溪水中數種」，「數種」上脱「有」字；「有通白脈籠絡」，本句上脱「間」字，「通」疑衍。「有峯巒」上脱「各」字。以上各句，可能爲抄寫脱誤，均依《雲林石譜》訂正。此外顯然爲字模誤植者，如「栱」誤「拱」、「蕉」誤「焦」、「巖」誤「嚴」之類，均予改正，不列舉。

在斷句錯誤方面，自序「合（令）喬木參差山腰牆根嵌石」，「山腰」下應加逗號。「依水而上構樓臺錯落池面」當爲「依水而上，構樓臺錯落池面」。第一卷屋宇篇磨角條「閣四敞及諸亭，決用如亭之三角至八角」，「決用」兩字當屬上句。第三卷鋪地篇「惟廳堂廣厦中，鋪一概磨磚」，「中」字當屬下句。諸磚地條「諸磚砌地屋内，或磨扁鋪庭下宜仄砌」，當作「諸磚砌地：屋内或磨、扁鋪；庭下宜仄砌。」掇山篇廳山條「以予見或有嘉樹稍點玲瓏石塊，不然牆中嵌理壁巖」，「以予見」下當加冒號；「或有嘉樹」、「不然」下均當加逗號。瀑布條「理也先觀有坑高樓簷水，可潤至牆頂作瓦溝」，「高樓簷水」當屬下句。「不然隨流散漫不成」，當作「不然，隨流散漫，不成」。選石篇「須先選質，無紋俟後，依皴合掇」，當作「須先選質無紋，俟後依皴合掇」。宜興石條「便于竹林（祝陵）出水有性堅穿眼嶮怪如太湖石者」，「便于竹林出水」下當加逗號。青龍山石條「全用匠作鑿取做成峯石衹一面勢者自來俗人以此爲太湖主峯」，當作「全用匠作鑿取，做成峯石衹一面勢者，自來俗人以此爲太湖主峯」。靈璧石條「鐫治取其底平」，「鐫治」當屬上句。宣石條「或梅雨天瓦溝，下水冲盡土色」，「下水」當屬上句。以上各句，俱重加點斷。

在考證失實方面：自序：「時汪士衡中翰延予鑾江西築，似爲合志。」闞序謂「鑾江在懷寧近傍」，非是。按：鑾江卽今之江蘇省儀徵縣，屬揚州地區。康熙《儀真縣志》：「張榘（明人）曰：儀真爲地，其名有九……四曰迎鑾，五代鎮名（《五代史·吴世家》：『楊溥至白沙閱舟師，徐温來見，以白沙爲迎鑾鎮』），宋以名軍。文天祥詩：『朝登迎鑾鎮』；又云：『一別迎鑾十八秋』，皆謂此。五曰鑾江，古今通稱，卽所謂迎鑾者。」舊志撰人姓氏：「明·正德《鑾江志》二十四卷，承事郎知儀真縣河曲李文瀚、通議大夫兵部右侍郎、前都察院右副都御史，邑人黄瓚修。」人物志：「黄瓚字子獻，世爲儀真人，成化二十年（公元一四八四年）進士。」疆域：「縣境：東南至瓜洲四十里，又二十里至鎮江；水行至省（南京）一百二十里。」《阮序》有：「鑾江地近，偶問一艇于寤園柳淀間，寓信宿。」阮集有《鑾江舟中》及《從采石泛舟真州（儀徵縣）遂集寤園》等詩，可知「寤園」在真州，從采石（今安徽省馬鞍山市之鎮名）泛舟，順流而東。計氏自序謂：「鑾江西築，與又于公所構並騁南北江」之語，當指晉陵（今江蘇省常州市）與儀真而言，不是「懷寧近傍」。《闞序》謂「其（阮大鋮）爲《園冶》作序，在崇禎七年甲戌（公元一六三四年），正是家居懷寧之日。」按《明史·姦臣傳》：「崇禎五年（公元一六三二年），馬士英坐法遣戍，尋流寓南京，時大鋮名掛逆案，失職久廢，以避『流賊』，與馬士英相結甚歡。」又按：《明史·李自成傳》：「崇禎五年，潞王上疏告急，兼請衞鳳泗陵寢。……」「八年（公元一六三五年）正月，……乃迎祥、獻忠東下，江北兵單，固始、霍邱俱失守，『賊』燔壽州，陷潁州，……乘勝陷鳳陽，焚皇陵……。」據此，則大鋮避居南京，當在崇禎五年前後。爲無否作序之時，正避居南京之際，而非「家居懷寧之日」。《闞序》誤以爲「家居懷寧」，遂謂「鑾江在懷寧近傍」，實由未加深究所致。《闞序》又謂「無否蹤跡，亦多在安慶、太平之間」，證以「阮因元甫而識無否」，「曹元甫爲阮同年，……曹爲姑孰人，卽太平府，與懷寧接壤。」此説亦無根據。按：民國四年（公元一九一五年）《懷寧縣志》：「縣境：東界貴池，南界東流）北界桐城，西北界潛山，西界太湖，西南界望江」，並無與太平（姑孰卽今當塗縣）接壤之處。再按乾隆《當塗縣志》：「東北至省城（南京）陸一百四十里，正北江界江寧，又陸八十里至模山頂槎陂峴，此爲上元界。」由此可知，當塗實與南京接壤（今寧蕪鐵路自南京西南行第一大站即當塗縣），阮、曹往還，爲今之南京、當塗。無否蹤跡，疑當在鎮、常、儀、寧之間，與安慶渺不相涉。《闕序》又謂「無否選石多在蘇、皖境內，亦足爲無否行蹤所在之證」，其言亦難置信。按：《選石》一篇，其中太湖石，崑山石、宜興石、龍潭石、青龍山石、峴山石、黃石、六合石子，皆在今之蘇境，距常州，儀徵均不遠，似爲無否常用之石。靈璧石、宣石、散兵石雖爲皖產，除靈璧遠在皖北，宣城、巢縣皆與常、儀接近，航運可通。又曾選用廣東之英石、江西之湖口石等，似未可執選石而證其行蹤之所在。尋繹原書，計氏用石，大抵以常，鎮附近所產爲主，正合其所要求省人工而節費用之本旨。以上各點，均《闕序》考證失實之處，合爲辨正。

又《自序》：「時汪士衡中翰延予鑾江西築」，汪士衡事跡無考。按康熙《儀真縣志·選舉志》：「崇禎十二年（公元一六三九年），汪機奉例助餉，授文華殿中書。」古人名號意義，多有聯繫，晉·陸機字士衡，疑汪機亦以士衡爲號，殆納貲報捐中書者。又據《縣志·園林》：「榮園，陸志云：『在新濟橋西，崇禎間，汪氏築，取淵明『欣欣向榮』之句以名，構置天然，爲江北絕勝，往來巨公大僚，多讌會于此。縣令姜埰不勝周旋，恚曰：『我且爲汪家守門吏矣』，汪懼而毀焉。一石尚存，嶔崎玲瓏，人號『小四明』云。（關于『榮園』與『寤園』的關係問題，正在繼續考查中。）」又據道光《儀真縣志》：「西園，胡志云：在新濟橋，中書汪機置。園內高巖曲水，極亭臺之勝，名公題詠甚多。」康熙《陸志》：「新濟橋在縣西五里」，與《自序》「鑾江西築」語合。又《縣志·人物志》：「姜埰字如農，山東萊陽人，崇禎五年進士，爲儀真令，……諸商或以羨例進，輒斥去。……歲乙亥，開新城運河，埰力言弗便。……十年，始以治績考最，擢禮部給事中。」核與無否爲鑾江汪氏築園之時，亦復相合。清初施潤章《榮園詩》：「叠石鬱嵯峨，蒼茫氣象多。高低成洞穴，庭檝俯山河。巢集臨江鶴，花生帶雪柯。向來歌舞地，長卧老藤蘿。」可見園之勝處，在于叠石，確曾名噪一時，巨公大僚競來欣賞，無怪姜埰不勝其煩而發牢騷，亦可見汪機雖雄于貲而絀于勢，以縣令一怒而生懼心，不惜毁勝以求全。因此，頗疑汪士衡卽汪機，祇是園名在《阮序》稱「寤園」，在《縣志》爲「榮園」、「西園」，是否始稱寤園，嗣改榮園，尚待續考。又汪機授文華殿中書，志載在崇禎十二年，後于成書八年，不知前乎此，汪機是否已捐有不指實之中書虛銜，或志載年代訛誤？尚無文獻可證。

陳植教授致力于造林與造園學，歷有年所，孜孜弗倦。其有裨世用之著作——《園冶注釋》，允爲研究造園學者之津梁。校訂既竣，適值林彪、「四人幫」亂國，陳君庋其稿于篋中者十有餘年。兹者，巨雷一震，重霾盡掃，大地春回，羣倫鼓舞。陳君出其存稿，要求再加校訂，將以付梓，期爲促進四個現代化宏偉事業之一助。愚雖年逾八旬，感于新形勢之大好，欣然鼓我餘勇，藉作一簣之獻。惟以水平所限，謬誤與疏漏之處，知所難免，謹記其一得之見，以就正于高明。

楊超伯

一九七八年十一月杪

陳從周按：明·張岱《陶庵夢憶》于園條：「儀真汪園，葺石費至四五萬，其所最加意者爲飛來一峯，陰翳泥濘，供人唾罵。余見其棄地下一白石，高一丈闊二丈而癡，癡妙。一黑石，闊八尺高丈五而瘦，瘦妙。得此二石足矣，省下二三萬收其子母，以世守此二石何如？」

關于《儀徵志》所載「榮園」、「西園」問題，楊超伯同志于本書《校勘記》中認爲：「汪士衡園名在阮序中稱『寤園』，在縣志稱『榮園』，『西園』是否始稱『寤園』，嗣改『榮園』，尚待續考。」而曹汎同志于《建築師》十三卷十三頁《計成研究》中則稱：「汪士衡『寤園』又稱『西園』，在新濟橋，汪士楚之『榮園』在新濟橋西，兩園相近。」各執一詞，以無較詳記載，可供依據，孰是孰非，無法判斷。康熙五十七年《儀徵縣志》十六卷《園林》：榮園云：「在新濟橋西，崇禎間，汪氏築。取淵明『欣欣向榮』之句以名，構置天然，爲江北絕勝。往來巨公大僚，多讌會于此，縣令姜垛不勝周旋，恚曰：『我且爲汪家守門吏矣。』汪懼而毀焉。」云云。則所謂「榮園築于明末崇禎年間」，以及「姜垛爲儀徵縣令時間在崇禎五至十年之間」。乃據汪士衡的「寤園」而言，以「寤」、「榮」兩字音相近，似遂使後人傳訛而將「寤園」誤作「榮園」。又據《儀徵縣志》某志（以卡片未識時代、人名）云：「汪士楚係康熙進士，購汪氏舊園以爲園，園名『榮園』。因寤園當汪士衡懼而毀後，園已荒蕪，加之士衡死後，家道中落，歸士楚後改名「榮園」，以示衰落而又欣欣向榮之意，則「寤園」與「榮園」實爲一園，易主後始改新名而已。至于道光《儀徵志·胡志》：「西園在新濟橋西，汪機置。」距康熙《儀徵縣志·陸志》已百餘年矣，汪機在時已相隔二百年以上，可靠性較之康熙陸志更難置信。加之寤園地點在新濟橋，而西園在新濟橋西，兩園相近但有東西之別，故所謂「寤園又稱西園」

之説，似難置信。當道光時期，可能榮園已不存在，也可能卽使存在，當時又復改名西園，憑民間相傳衹知「汪機置」，而不詳歷史經過，追本窮源最先還是寤園，故楊、曹兩同志對「西園卽寤園」之説，似均可信。管見所及，是否有當，尚希讀者同志予以指正。

陳　植補志

一九八六年四月廿五日

重印園冶序

我國造園藝術發軔最早，典籍中可稽者，以黃帝之懸圃爲最早，至周代文王之囿，記載更詳，爾後代有營建，不可勝記。其學術性敘述，亦所在多有，然就中著爲專籍，具有系統者，當以明季崇禎四年（公元一六三一年）吳江（今江蘇吳江縣）計成（字無否，號否道人，生于明萬曆十年卽一五八二年，工詩文）氏所著《園冶》（原稱《園牧》）一書爲最，迄今蓋已三百二十餘年矣。鄭元勳（見《題詞》注）氏爲之題詞曰：「古人百藝皆傳之于書，獨無傳造園者何？曰：『園有異宜，無成法，不可得而傳也。』」「造園」一詞，見于文獻，亦以此書爲最早，想造園之名，已爲當日通用之名詞；造園之學，已爲當日研求之科學矣。四十年前，日本首先援用「造園」爲正式科學名稱，並尊《園冶》爲世界造園學最古名著，誠世界科學史上我國科學成就光榮之一頁也。一九二一年春，余于日本東京帝國大學教授造林兼造園學權威我師本多靜六博士處，始見此書，爲木版本三册，聞係得之北京書肆者。歸國後，求之國内各地，遍覓不得。當一九三一年，在前中央大學農學院講授造園學時，以急待參考，曾函請日本東京高等造園學校校長上原敬二博士僱人代録，以「一·二八事變」發生而中止。適朱啟鈐氏搜集之《園冶》殘本，補成三卷，由陶蘭泉氏搜入《喜詠軒叢書》内，于是年印行問世。而闞鐸氏復參閱日本内閣文庫内該書藏本校正圖式，分别句讀，于翌年（一九三二年）由中國營造學社付印出版，尤便閱讀。三百年前之世界造園學名著，竟能重刊與國人相見，誠我國造園科學及其藝術復興時期之一大幸事。

《園冶》共分三卷，一卷分興造論、園説及相地、立基、屋宇、裝折四篇。二卷全誌欄杆。三卷分門窗、牆垣、鋪地、掇山、選石、借景六篇。其中興造論及園説，叙述造園意義。屋宇、裝折、欄杆、門窗、牆垣五篇，雖屬建築藝術，然其形式全爲配合造園要求，無不力求優美，蓋爲造園建築藝術，而非一般形式可比。至于相地、立基、鋪地、掇山、選石、借景六篇，全屬造園藝術，亦係此書精華所在。其立論皆從造園出發，其命名「園冶」蓋别于普通住宅營建者也。相地，分山林、城市、村庄、郊野、傍宅、江湖等地，除就各種地區説明特性外，並對造園設計、施工所應取捨之道，無不分别指陳，足證我國古代造園，不僅限于宅傍市區，卽山林、江湖、郊野、村庄等人跡罕至之處，仍復注意美化，而爲造園對象也。立基篇分廳堂、樓閣、門樓、書房、亭榭、廊房、假山等基，皆從攬勝、幽静、享受觀點出發，使建築位置適應造園要求，俾獲相得益彰，亦近代造園理論中所强調者。鋪地篇按材料分爲亂石、鵞子、冰裂、諸磚等地；形式分人字、蓆紋、間方、斗紋、六方、攢六方、八方間六方、套六方、長八方、八方、海棠、四方間十字、香草邊、毬門、波紋等十五式，按式鋪成園路，景物益勝，充分表現我國園林中造園與建築調和之美。掇山篇分園山、廳山、樓山、閣山、書房山、池山、內室山、峭壁山、山石池、金魚缸、峯、巒、巖、洞、澗、曲水、瀑布各節，無不因地制宜，並詳叙椿木理論及掇山途徑，均有獨到之處，尤爲本書精髓所在。選石篇中列舉可供園林景物點綴之各地名石，凡十七種，各叙特性，俾便選用，以供玩賞。如與掇山理論結合運用，則峯、巒、巖、壑，畢陳几席，咫尺山林，縱目皆然，爲園林增色，非淺鮮矣。借景篇分爲「遠借」、「鄰借」、「仰借」、「應時而借」等數種，亦其獨到之處。借景之名，已爲近代造園學上通用之術語。借景之術，尤爲近世造園學家所常用之技巧，亦可貴也。計氏造園與建築各種理論及其形式，迄至今日，仍爲世界科學家所重視，而樂于援用，誠我國先賢科學上輝煌成就也。

當抗戰期間，我國文物損失不可勝數，勝利後，此書已不可多得。解放後，各地造園事業發展甚速，造園有關書籍，幾搜羅殆盡，此書尤不易覓。數年來曾先後與出版社商請重版，今夏得城市建設出版社函告，該書已經各方推薦，決予重印，並向余徵求原書。當以前所藏書，于抗戰期間，盡付浩劫，無以應命，特介紹數處，就近洽商。終以各方商借，不獲端倪，仍囑代爲物色，因商之老友陸費執教授，當蒙慨允惠寄。幾經周折，此書遂獲按照營造學社版式重刊，與世人相見，何幸如之！

造園學在我國大學林業、園藝及建築等系中，列爲正式課程，已有三十餘年之歷史。解放後，一九五二年，教育部並在北京農業大學中成立造園專業（一九五六年始調整至北京林學院），而各大城市人民委員會中，亦先後相繼設立園林局、處，以負造園設計、施工、管理之責，抑亦我國造園科學事業前途足資欣慰者也。當此造園科學及其事業亟待發展之際，而在世界造園科學中，久負盛名之《園冶》一書，終獲各方支持，及時重刊問世，必將有助于祖國造園科學遺産之發揚，及其偉大藝術成就之認識，暨今後我國優美造園風格之學習與繼承，則《園冶》之得獲重刊，烏可以等閒視哉！

陳　植

一九五六年十月十四日誌于南京林學院

重刊園冶序

吾國建築，喜用均齊之格局，以表庄重；自屋宇之配置，以至刻鏤繪畫，莫不皆然，此在廟堂，固屬宜稱。若夫助心意之發舒，極觀覽之變化，人情所憙，往往軼出于整齊劃一之外。秦漢以來，人主多流連于離宫別苑，而視宫禁若樊籠，推求其故，宫禁爲法度所局，必須均齊，不若離宫別苑，純任天然，可以盡錯綜之美，窮技巧之變，卽士大夫居室，亦靡不皆然。故王侯第宅，罕有留遺甚久者，獨于園林之勝，歌詠圖繪，傳之不朽，一漚一垤，亦往往供人憑弔。由斯而譚，吾國中古以後，建築之美術，藉造園以發揮者，不可勝數。而格局之正變，卽以配置均齊與否爲衡。私家園林之結構，見于載籍最早者，《西京雜記》之袁廣漢、《後漢書》之梁冀爲尤偉，頗足見兩漢人對于建築藝術之貢獻。自是厥後，稍復闃然。及至趙宋道君皇帝，留情藝術，主持風雅，更進一步，而以詩情畫意，寫入園林，流風扇被，披靡南渡，故江表諸州，至今猶多以名園著。蓋以人爲之美入天然，故能奇；以清幽之趣藥濃麗，故能雅。北宋以後，藝術風尚，轉移若此，不獨于建築見之，而建築之所關者尤巨也。

南省之名園勝景，康、乾兩朝，移而之北，故北都諸苑，乃至熱河之避暑山庄，悉有江南之餘韻。今暢春、圓明已圮，灤庄僻遠，靜明狹小，頤和媟俗，當日珍臺閒館之盛，亦幾于梓澤之邱墟。然而過故都而攬勝，終覺其苑囿之美，猶非其他都邑所可幾及。然則園林結構之術，在今日已不絶如縷，吾人寧能坐視其湮沒耶？

計無否《園冶》一書，爲明末專論園林藝術之作。余求之屢年，未獲全豹。庚午得北平圖書館新購殘卷，合之吾家所蓄影寫本，補成三卷，校錄未竟，陶君蘭泉，篤嗜舊籍，遽付景印，惜其圖式，未合矩度，耿耿于心。闞君霍初，近從日本内閣文庫借校，重付剞劂，並綴以識語，多所闡發，爲中國造園家張目，與渠往年探索黃平沙《髹飾録》辛苦爬剔，同一興味，其致力之勤，有足稱者。校印將竣，爰叙其原起。

中華民國二十年歲次辛未六月

紫江朱　啟　鈐識于北戴河蠡天小築

園冶識語

《園冶》三卷，計成著。成，吳江人，字無否，生于明萬曆壬午。崇禎間爲江西布政武進吳又于元，築園于晉陵；又爲汪中翰士衡，築園于鑾江。因著一書，成于崇禎甲戌［植按：計氏自序稱定稿在辛未，卽崇禎四年（公元一六三一年）；後記稱梓行在甲戌，卽崇禎七年（公元一六三四年），故成書年代應爲辛未］，時年五十三，初名《園牧》，姑孰曹元甫見之，改名《園冶》，有崇禎甲戌阮大鋮序，辛未自序，乙亥鄭元勳題詞。有清三百年來，除李笠翁《閒情偶寄》有一語道及，此外未見著録。日本大村西崖《東洋美術史》謂：「劉炤刻『奪天工』」三字，遂呼爲《奪天工》，《園冶》之名遂隱。北平圖書館得一明刻本，而缺其第三卷，陶君湘乃據以影印，其第三卷則依殘闕之鈔本以附益之。嗣聞日本内閣文庫藏有刻本，乃以陶本寄往校合，今得蒇事。覩末頁之印記，一圓形楷書「安慶阮衙藏板，如有翻刻千里必治」十四字，一方形篆書「扈冶堂圖書記」六字，知爲安慶阮氏所刻。阮序之末，有「皖城劉炤刻」五字，意劉爲圓海里人，依阮爲活，全書或劉手刻，或止刻圓海自書序文，固未可知。然中土從此，得復此書舊觀。

無否自序：「少以繪名，……最喜關仝、荆浩筆意。」圓海序亦有「所爲詩書甚如其人」之語。《詠懷堂詩》乙集，有「閲無否詩」之標題，可知無否，並非俗工，其掇山由繪事而來蓋畫家以筆墨爲邱壑，掇山以土石爲皴擦，虚實雖殊，理致則一。彼雲林、南垣、笠翁、石濤諸氏，一拳一勺，化平面爲立體，殆所謂知行合一者。無否由繪而園，水石之外，旁及土木，更能發揮理趣，著爲草式。至于今日，畫本園林，皆不可見，而碩果僅存之《園冶》，猶得供吾人之三復，豈非幸事！

吴中夙盛文史，其長于書畫藝術，名滿天下，傳食諸侯者，代有其人。如朱勔父子，張漣子孫，且世守其業，而顧阿瑛、沈萬三之流，餘韻流風，至今扇被。無否生長其間，生平行誼，雖不能詳，就其自爲序跋，與阮序、鄭題觀之，蓋亦傳食朱門。自食其力，繪事之外，致力營建，片山斗室，斤斤自喜，欲爲通藝之儒林，識字之匠氏，故能詩能畫，猶可不傳，獨于造園，具有心得，不甘湮没，著成此書，後之覽者，亦可想見其爲人。

無否造園之見于自序、阮序者，晉陵吴氏之外，有鑾江汪氏。考之阮氏《詠懷堂詩》乙集，有《宴汪中翰士衡園亭》五律四首〔1〕及《計無否理石兼閱其詩》五古一首〔2〕，于園中風物，略得梗概。阮序有「鑾江地近，偶問一艇于寤園柳淀間，寓信宿」云云。集中有「鑾江舟中」，及《從采石泛舟真州遂集寤園》二詩。《明史》稱：「大鋮名掛逆案，終庄烈帝世，廢斥十七年，流寇偪皖，避居南京」云云。其爲《園冶》作序，在崇禎七年甲戌，正是家居懷寧之日，鑾江在懷寧近傍，證以無否自序，謂「鑾江西築」與「所構並騁南北江」之語亦合。曹元甫爲阮同年，而交甚密，集中有詩七、八首。曹爲姑孰人，即太平府，與懷寧接壤，阮因元甫而識無否，故知無否蹤跡，亦多在安慶、太平之間。又無否選石，注意于盤駁人工裝載之費，以就近取材爲務，其列舉産石之區多在蘇、皖境内，亦足爲無否行跡所在之證。

三代苑囿，專爲帝王遊獵之地，風物多取天然，而人工之設施蓋鮮。降及秦、漢，阿房、未央，宫館複道，興作日繁，詞賦所述，可見一斑，人力所施，窮極侈麗，雕飾既盛，野致遂稀，然構石爲山之技術，亦隨時代而嬗進。如梁孝王作曜華之宫，築兔園，有百靈山，山有膚寸石、落猿巖、棲龍岫、雁池，皆構石而成。此外則宫觀相連，奇果異樹，瑰禽怪獸畢備。王日與宫人賓客，弋釣其中。至魏文帝築芳林園，捕禽獸以充其中，北周改名華林，仍有馬射，猶不失遊獵之本旨，故園中設備，與士大夫所構不同。庾信一賦，與長楊羽獵，異曲同工，當時園制，固不難于推定。孔子一簣爲山，雖是罕譬。然人工築山，爲士大夫應有之知識，亦足證明。漢袁廣漢北邙山下之園，有激流水注于中，構石爲山，高十餘丈之造作。魏張倫造景陽山，其中重巖複嶺，深谿洞壑，高林巨樹，懸葛垂蘿，崎嶇石路，澗道盤紆。又茹皓採掘北邙及南山佳石，徙竹汝、潁，羅蒔其間，經構樓館，列于上下，樹草栽木，頗有野致。其以人巧代天工，而注重石構，及引泉蒔花，實足開後世造園之先路。晉人如石崇之河陽別業，卽金谷澗別廬，柏木幾于萬株，江水周于舍下，有觀閣池沼，多養魚鳥，遺跡至唐，猶形歌詠。六朝人如庾信之小園，山爲蕢覆，地有堂坳，欹側八九丈，縱橫數十步，榆柳兩三行，梨桃百餘樹，雖屬文人筆端，而當日肥遯窮居之背景，及其作風，躍躍紙上。唐人如宋之問藍田別墅，王維輞川別業，皆有竹洲、花塢之勝。而白居易《草堂記》記其在匡廬所作草堂，略云：「三間兩柱，二室四牖，廣袤豐殺，一稱心力。……木斲而已，不加丹，牆圬而已，不加白，碱階用石，冪窗用紙，竹簾紵幃，率稱是焉。……前有平地，輪廣十丈，中有平臺，半平地，臺南有方池，倍平臺，環池多山竹、野卉，池中生白蓮、白魚。又南抵石澗，夾澗有古松、老杉，……松下多灌叢，……堂東有瀑布，水懸三尺，……堂西倚北崖右趾，以剖竹架空，引崖上泉，脈分綫懸，自檐注砌。……堂北步據層崖，積石嵌空，……又有飛泉植茗，就以烹燀。……堂東……下鋪白石爲出入道，……堂北步據層崖，積石嵌空，……剄予自思：從幼迨老，若白屋、若朱門，凡所止，雖一日、二日，輒覆簣土爲臺，聚拳石爲山，環斗水爲池，其喜山水病癖如此。」又有《代林園贈答》及《家園、西園、南園自題》、《小園池上篇》諸詩。凡所以利用天然，施以人巧，歷歷如繪。唐代士大夫之習尚，及造園之風趣，可以想像而得。李德裕築平泉庄，卉木臺榭，若造仙府，虛榭前引，泉以縈洄，亦是山水樹石，合組而成，尤以借景因材，爲唯一要義。世人但知宣和艮嶽，成于朱勔之花石綱，儒者引爲詬病，不知唐懿宗于苑中取石造山，並取終南草木植之，山禽野獸，縱其往來，復造屋室如庶民，議者謂與艮嶽事絶相類，其實帝王厭倦宮禁，取則齊名，亦廊廟山林交戰之結果。魏文、隋煬之顯著，姑置勿論；而唐懿宗之事，亦已開風氣于數百年前。故艮嶽雖爲集矢叢謗之的，而流風餘韻，猶隨趙宋而南渡，如俞子清之用吳興山匠；卽朱勔之子孫，猶世修其職，不墜家風，皆未受艮嶽何等影響，可知造園之需要，並不以人而廢業。

計氏此書，既以《園冶》命名，蓋已自別于住宅營建以外，故于間架制度，亦不拘定，務取隨宜，不泥常套。但屋宇、裝折等篇，于南方中人之家，營屋常識，亦無不賅備，蓋第宅或未能免俗，園林則務求精雅。至于結構布置，式樣雖殊，原理則一。而鋪地、掇山，則屬專門技術，非普通匠家所可措手，故風雅好事者，有志造園，若使熟讀《魯班經》、《匠家鏡》而胸無點墨之徒，鹵莽從事，又幾何而不刀山劍樹，爐燭花瓶耶？

明季山人，如李卓吾、陳眉公、高深甫、屠緯真輩，裝點山林，附庸風雅，其于疏泉立石，必有佳構。然文筆膚闊，語焉不詳，況剿襲成風，轉相標榜，故于文獻，殆無足觀。計氏目擊此弊，一掃而空之，出其心得，以事實上之理論，作有系統之圖釋，雖喜以駢儷行文，未免爲時代性所拘束，然以圖樣作全書之骨，且有條不紊，極不易得。故詫爲「國能」，詡爲「開闢」，誠非虛譽。

掇山一篇，爲此書結晶。內中如園山、廳山、樓山、閣山、書房山、內室山諸條，確爲南中小品。不但爲北地所稀，卽揚州亦不多見。固爲主者器局所限，亦當時地方背景，及社會財力之象徵，故此書尤于民間營造爲近。簡則易從，初不必有大規模之計畫，方能實施其工作也。吳音讀「掇」如「疊」，與南宋之陸疊山，仍屬同類。

選石一篇，臚列產地，專爲掇山取材，自謂曾見杜綰《石譜》，今取杜譜校之，如太湖石、崑山石、靈璧石、峴山石、湖口石、英石各條，皆就原文，刪節移錄。但杜譜所收百十六種。計氏但收蘇、皖、贛三省所產。蓋專就用過而言，卽此可以推知無否蹤跡所屆。至其體例謹嚴，不濫徵引，尤可貴尚。又萬曆癸丑，有林有麟《素園石譜》，所收百餘種，雖多几案陳列文房清玩之品，不盡適掇山之用。成書在《園冶》二十一年前，計氏未加徵引，更見謹嚴。

脱盡明季山人著述輾轉剿襲之窠臼。林譜繪畫，曲盡層巒疊峯之勢，足爲掇山之粉本。内列宣和六十五石，尤與史蹟有關，足爲《園冶》之羽翼。據《四庫提要》謂：「《宣和石譜》附刻于杜綰石譜，皆記艮嶽諸石，有名無説，不知誰作。今惟録綰書，附譜削而不載」云云。然則林譜所繪，正足以補此刻之不足。掇山之于艮嶽，有矩步規隨之要，吾人于讀《園冶》之暇，尤應肄習及之也。

《園冶》爲式二百三十有二，而無一式及于掇山。李明仲《營造法式》，但于泥土作料例，著録壘石山及泥假山壁，隱假山、盆山之法，亦無圖式。其流盃渠圖樣，則係石作，固與掇山有間。蓋營造之事，法式並重，掇山有法無式，初非蓋闕，掇山理石，因地制宜，固不可執定鏡以求西子也。計氏不必泥于李書之義例，而識解則無二致。

掇山篇中，有極應注意者，卽「等分平衡法」。《世説新語》稱：「凌雲臺」樓觀精巧，先稱平衆木輕重，然後造構，乃無錙銖相負，向來匠氏，以爲美談，比重學自然之理，掇山何獨不然。計氏悟徹，誠爲獨到。故于理懸巖、理洞等節，再三致意，而開卷卽斤斤于椿木，此種識解，已與世界學者，沆瀣一氣。

峭壁山，謂「以粉壁爲紙，以石爲繪，收之圓窗，宛然鏡遊」云云。此卽楊惠之「塑壁」

之法。笠翁《一家言》，于此法之發揮，更有進步。

門窗、牆垣、鋪地諸篇，力矯流俗，于匠人所謂「巧製」，所謂「常套」，去之惟恐不速，可以想見爾時不學無術，俗惡施工，令人齒冷之狀況。尤于廢瓦破磚，務歸利用，固是省費，亦能砭俗。其運用意匠，戛戛獨造，具見良工辛苦。

「裝折」亦係吴語，蘇州人至今用之，卽指可以裝配折叠而互相移動之門窗等類而言。「折」亦書作「摺」，卽《工部工程做法》所謂：「内簷裝修」，其固定附麗于屋材者，不在此例。《園冶》所列，以屏門、仰塵、床槅、風窗及欄杆爲科目，而以門窗之全部，别列一篇，專指不能移動，而爲前篇之反證，此爲「裝折」二字之定義，及其界説。篇中所列各式，于變化根源、繁簡次第，信手拈來，悉合幾何原理。其中柳條之若干式，卽欞子式，爲宋、元以來，民家之定法，日本全國，至今不能出其範圍。欄杆百樣，層出不窮，學者舉一反三，必有左右逢源之樂。蓋種種變化，不踰規矩。于回文、卍字，一概屏去。並不取篆字製欄杆，力矯國人好以文字作花樣之通病。計氏自信理畫之匀，聯絡之美，可謂深得幾何學三昧。爾時利瑪竇、湯若望之徒，以西來藝學，力謀東漸：上海徐光啟，身立崇禎之朝，以譯幾何原本著稱。計氏同時同地心通其意，發攄于文様，影響于營建，或亦有所受之也。

《園冶》專重式樣，作者隱然以法式自居，但吾人在三百年後之今日，欲于裝折、鋪地諸科，求索實物之印證，殊非易易。惟明人傳奇繡像，如《西廂記》、《荊釵記》等，不下百種，而《金瓶梅》尤爲巨製，其中所繪園林背景，窗欄、裝折及陳設，製作精雅，具有典型。明本之外，清代又有著色之圖，如同治間恭邸門客鍾丹巖所繪者，雖係晚出，或不免變本加厲，而粉本傳流，必有所自出。試取《園冶》圖樣，一爲印證，來歷分明，若合符節（內中有卍字式，即計氏所不取者）。蓋此類繡像，大都出自蘇州界畫專家之手，雖不必全取徑于《園冶》，而千變萬化，總不能脫其範圍。至清代《紅樓夢》大觀園圖，則由《金瓶梅》推演而出，與全書來源，如出一轍。特以當時誤指《紅樓夢》背景，係指北京，故圖中頗有北派色彩。又乾隆南巡，取來圖樣，如獅子林、安瀾園等，在北方仿造者，有時亦失南方作意，然大致規模，釐然可考，執《園冶》判斷之，固是一絕好參考作品也。

合肥闞　鐸

第三卷各式，方門合角至執圭六式，原本均作雙鉤。葫蘆以下十四式，均作細線。菱花以下二十六式，均作雙鉤。又本書重印時之讎校，得日本工學博士村田治郎君之力爲多，尤于圖式之審定，殆已毫髮無遺憾，茲附識于此〔3〕。

［注釋］

〔1〕 阮大鋮《詠懷堂詩》乙集《宴汪中翰士衡園亭》：「大隱辭金馬，多君擇薜蘿。聖遊賓漠野，倒景燭滄波。慮澹烟雲静，居閒涕笑和。鶱情復何極，高咏出層阿。桃源竟何處，將以入青雲。衆雨傳花氣，輕霞射水文。巖深虹彩駐，淀静芷香紛。詎遣漁舸至，靈奇使世聞。神工開絶島，哲匠理清音。一起青山寤，彌生隱者心。墨池延鵲浴，風篠洩猿吟。幽意憑誰取，看余鳴素琴。縮地美東南，壺天事盍簪。水燈行竊月，魚沫或蒸嵐。自冠通人旨，慵教俗子諳。祇應佩芳草，容與尚江潭。」

〔2〕 又《計無否理石兼閱其詩》：「無否東南秀，其人卽幽石。一起江山寤，獨刱烟霞格。縮地自瀛壺，移情就寒碧。精衛復麾呼，祖龍遜鞭策。有時理清咏，秋蘭吐芳澤。静意瑩心神，逸響越疇昔。露坐蟲聲間，與君共閒夕。弄琴復銜觴，悠然林月白。」

〔3〕 《中國營造學社彙刊》第二卷第三册載有闞鐸的《園冶識語》，正文截止至署名「合肥闞鐸」处，其後为「園冶目録」，撰文时间为一九三一年九月。次年，中國營造學社所刊行的《園冶》再次收録《園冶識語》，闞鐸在原文後補充了此段文字，对圖式加以説明，并对协助校对的村田治郎致謝。

卷一

興造論

世之興造，專主鳩匠，獨不聞三分匠、七分主人之諺乎？非主人也，能主之人也。古公輸〔1〕巧，陸雲〔2〕精藝，其人豈執斧斤〔3〕者哉？若匠惟雕鏤是巧，排架是精，一梁〔4〕一柱，定〔5〕不可移，俗以「無竅〔6〕之人」呼之，甚確也。故凡造作，必先相地立基，然後定其間進，量其廣狹，隨曲合方，是在主者，能妙于得體合宜，未可拘率〔7〕。假如基地偏缺，鄰嵌〔8〕何必欲求其齊，其屋架何必拘三、五間，爲進多少？半間一广〔9〕，自然雅稱，斯所謂「主人之七分」也。第園築之主，猶須什九，而用匠什一，何也？園林巧于「因」、「借」〔10〕，精在「體」、「宜」，愈非匠作可爲，亦非主人所能自主者，須求得人，當要節用。「因」者：隨基勢之〔11〕高下，體形之端正，礙木删椏，泉流石注，互相借資；宜亭斯亭，宜榭斯榭，不妨偏徑，頓置婉轉，斯謂「精而合宜」者也。「借」者：園雖別内外，得景則無拘遠近，晴巒聳秀，紺宇〔12〕凌空，極目所至，俗則屏之，嘉則收之，不分町畽〔13〕，盡爲烟景，斯所謂「巧而得體」者也。體〔14〕、宜〔15〕、因〔16〕、借〔17〕，匪得其人，兼之惜費，則前工并棄，卽有後起之輸、雲，何傳于世？予亦恐浸失其源，聊繪式于後，爲好事者〔18〕公焉。

［釋文］

世上一般建築，單純地依靠工匠，難道沒有聽説過「三分匠人，七分主人」的諺語嗎？這裏所謂「主人」不是指建築物的「主人」，而是指主持建築計劃的人（按即今日的建築師）。古代公輸的巧妙，陸雲的精細，他們在興造時，哪裏是自執工具，親自操作的呢？若一般工匠，衹能巧于雕刻，精于排架，一粱一柱，墨守成規，世俗稱之爲「無巧心的人」，是非常正確的（按：勞動人民積累了豐富的經驗，都會熟能生巧地發揮他們的智慧，計氏限于階級立場，不認識勞動實踐是知識的泉源）。一切建築，必須首先觀察地勢，確定地基，然後依照它的廣狹，決定它的開間和進數，隨曲而曲，當方則方，這就完全決定于主持計劃的人，使能就景利用，因地制宜，不可有所拘泥或草率從事，假如地勢有偏僻，或缺損的時候，何必定要拼鑲整齊，屋架何必限定間數，進數何必規定多少？就是半間一披，自然亦能幽雅相稱。這就是所謂「主持建築的人具有七分作用」的意思。至于主持造園計劃的人（造園師）的作用更是佔十分之九，而匠人衹是十分之一。這是什麼緣故？因爲造園結構妙在因地借景，得體適用，更不是匠人所能爲力，也不是園主人所能自主，必須物色適當人選；並應節省費用，纔能底于成功。所謂「因」的意思就是：要隨着地基的高低，留意地形的端正，如有樹木阻礙，卽應修剪枝條；若遇泉水通過，就須引注石上，相互借用。宜亭則亭，宜榭則榭，取徑不妨偏僻，佈置要有曲折，這就是「精而合宜」的意思。再所謂「借景」，園雖有內外之別，但景並無遠近之分，如遇晴山聳立的秀色，古寺凌空的勝景，凡目力所及之處，庸俗的應予隱蔽，美好的務須汲引，不問田頭地角，務使盡化爲烟雲景物。這就是「巧而得體」的意思。這些得體適宜，因地借景的作用，如果得不到適當的人選主持，再加妄自吝惜，當用不用，必致前功盡棄，卽有公輸、陸雲般技術的後起之秀，怎樣能傳于後世？我也深恐漸次失傳，因將各式圖樣，約略繪之于後，以供同好者參考。

［注釋］

〔1〕公輸子——卽公輸班，世稱爲古代巧匠。後世奉爲匠家之祖。《孟子·離婁》：趙注：「公輸子魯班，魯之巧人也，或以爲魯昭公之子。」

〔2〕陸雲——晉·吴郡人，著有《登臺賦》，就建造樓基的技術，説明頗爲精闢。

〔3〕斧斤——按斤爲砍伐樹木的刀，此處可統言斧鑿，爲匠人所用的工具。

〔4〕一梁一柱——原書爲一架一柱，今按明版本改正。

〔5〕定——固定不變也。

〔6〕無竅——清·張南垣與吴偉業相謔語，意謂不知趨避的笨人。見《履園叢話》卷二一《笑柄》。

〔7〕拘率——原本誤作「拘牽」，今按明版本改正。

〔8〕鄰嵌——爲建築物上的專名，意蓋指拼鑲而言。

〔9〕广——音庵，意與「披」同。徐鉉曰：「因广爲屋，故但一邊下。」卽一面披屋。俗稱半間屋爲「披子」者是。

〔10〕因借——作因緣假借解，卽因地制宜借景取勝之意。

〔11〕之——各版均遺一「之」字，按明版本改爲「隨基勢之高下。」

〔12〕紺宇——《侯鯖録》：「紺者青而含赤色也。」古寺外牆，多飾此色，古人所謂「紺宇琳宫」，卽指寺廟而言。

〔13〕町畽——此處作田野解。

〔14〕體——體制、規劃、計劃、意圖、意境之意。

〔15〕宜——合宜、適宜、適合、符合之意。

〔16〕因——依據、根據、因人因地因時制宜之意。

〔17〕借——引進、納入、接納、借用之意。

〔18〕好事者——謂好事之人，此處作同好解。

園說

凡結林園，無分村郭。地偏〔1〕爲勝，開林〔2〕擇剪蓬蒿；景到隨機，在澗共修蘭芷。徑緣三益〔3〕，業擬千秋〔4〕，圍牆隱約〔5〕于蘿間，架屋蜿蜒〔6〕于木末。山樓凭遠，縱目皆然；竹塢尋幽，醉心即是。軒楹〔7〕高爽，窗户虛鄰；納千傾之汪洋，收四時之爛熳。梧陰匝地，槐蔭當庭；插柳沿堤，栽梅繞屋；結茅竹里〔8〕，濬一派之長源；障錦山屏，列千尋〔9〕之聳翠，雖由人作，宛自天開。刹宇〔10〕隱環窗，仿佛片圖小李〔11〕；巖巒堆劈石〔12〕，參差半壁大癡〔13〕。蕭寺〔14〕可以卜鄰，梵音到耳；遠峯偏宜借景，秀色堪餐〔15〕。紫氣〔16〕青霞〔17〕，鶴聲〔18〕送來枕上；白蘋紅蓼〔19〕，鷗盟〔20〕同結磯邊。看山上箇籃輿〔21〕，問水拖條櫪杖〔22〕；斜飛堞雉〔23〕，橫跨長虹〔24〕；不羨摩詰〔25〕輞川，何數季倫〔26〕金谷。一灣僅于消夏〔27〕，百畝豈爲藏春〔28〕，養鹿堪遊，種魚可捕。凉亭浮白〔29〕，冰調竹樹風生；暖閣偎紅〔30〕，雪煮〔31〕爐鐺濤沸。渴吻消盡，煩頓開除。夜雨芭蕉，似雜鮫人〔32〕之泣淚；曉風楊柳，若翻蠻女〔33〕之纖腰。移竹當窗，分梨爲院；溶溶〔34〕月色，瑟瑟〔35〕風聲；靜擾一榻琴書，動涵半輪秋水〔36〕，清氣覺來几席，凡塵頓遠襟懷；窗牖無拘，隨宜合用；欄杆信畫〔37〕，因境而成。製式新番，裁除舊套；大觀〔38〕不足，小築〔39〕允宜。

［釋文］

大凡造園，不分鄉村城郊。地段以偏静爲勝，伐木跡地，則應刈除雜草；景物可因借隨機，在澗畔就整理蘭芷。路徑順三益而開，基業傳千秋可比。園牆要隱約于藤蘿之間；架屋要曲折乎樹梢之上，倚山樓而望遠，放眼都成美景；步竹塢而尋幽，醉心便在此中。屋宇須高爽，窗前要空曠，便能接納千頃汪洋的波光，收攬四時爛熳的花信。桐影遍地，槐蔭滿庭；沿堤插些楊柳，繞屋種點梅花。結蓋茅屋于竹林，疏濬一派的長流；面臨似錦的山屏，排列百丈的青翠。這些雖由人力所興作，看來很像天工所開闢。次則使環窗隱塔影，好像李昭道所繪的小幅景物；或是將劈石堆成山巖，就類似黄公望所畫的半壁山水。可以和蕭寺爲鄰，幽静的經聲，時到耳邊；遠峯更宜借景，秀媚的山色，盡收眼底。遥望紫氣青霞的景象，似乎有鶴聲傳來枕上；近看白蘋紅蓼的秀色，直可與鷗鳥結盟磯邊。想看山，就坐個竹轎代步；想玩水，就拖條櫟杖隨行。城垣斜起遠空；長橋横跨水面。于此，不必羨慕唐代王維的輞川別業，也數不上晉時石崇的金谷園。一灣曲水，不僅消夏；百畝幽芳，何止藏春，養鹿可以同遊，放魚足供捕釣。暑夜涼亭小酌，調冰潤渴，自覺竹樹風生；冬日暖閣偎紅，煮雪水沸，宛然爐鐺濤音。渴吻可以全消，煩慮都能滌盡。聽夜雨打芭蕉，像夾雜鮫人的淚點；見曉風吹楊柳，又像舞翻蠻女的腰肢。移幾竿竹，栽于窗前；分數棵梨，另成別院；有時月色溶溶，照射室內，影擾一榻琴書；有時風聲瑟瑟，掠過池面，波漾半輪秋月。几席上似覺清風襲來，襟懷中頓若俗塵遠去。總的來說：園林的建造，窗牖不拘大小，總要隨機應變；欄杆信手畫成，必須因地制宜。格式應求新穎，俗套必須屏除，這樣作來，稱大觀雖不足，建小築正合宜。

［注釋］

〔1〕　地偏——此處指隔離市街喧鬧繁雜的所在。晉·陶潛《飲酒詩》第五首：「問君何能爾，心遠地自偏。」

〔2〕　開林——作開採林木後的伐木跡地或林間隙地解（跡地：造林學專門名詞）。

〔3〕　三益——梁·江淹《陶徵君潛田居詩》：「開徑望三益。」《月令廣義》：「東坡贊文與可梅竹石云：『梅寒而秀，竹瘦而壽，石醜而文』，是謂：『三益之友』。」

〔4〕　千秋——千年或久遠之意。

〔5〕　隱約——不分明之意。

〔6〕　蜿蜒——屈曲之狀。《焦氏易林》：「蛇行蜿蜒，不能上阪。」

〔7〕　軒楹——作屋宇解。按軒爲長廊之有窗者，或即堂前。

〔8〕竹里——竹林或竹林内之意。唐·王維輞川别業内有竹里館。

〔9〕尋——《周禮·地官·媒氏注》：「八尺爲尋。」「千尋」，誇張高度，也就是百丈的意思。

〔10〕刹宇——刹爲梵語「刹多羅」之略稱，本指塔心柱而言，故六朝多稱塔爲「刹」，當時佛寺多以塔爲中心，故佛寺多稱爲「刹」。

〔11〕小李——指唐代李昭道，其父思訓，善畫山水，時人稱爲「李將軍。」昭道亦工山水，尤擅小幅，因稱爲「小李將軍」，今簡稱爲「小李」。

〔12〕劈石——如斧劈形之石。山水畫皴法中有「大斧劈」、「小斧劈」等皴法。

〔13〕大癡——元代畫家黄公望，字子久，號一峯，又號大癡道人，常熟（今江蘇省常熟縣）人，善畫山水，筆意簡遠，時推爲畫中逸品。

〔14〕蕭寺——《金陵歷代名勝志》迴光寺卽梁武帝蕭寺遺址，在城南隅周處臺，梁武帝命蕭子雲飛白大書一「蕭」字。唐李約購取建「蕭齋」，後人妄以皇族目之，卽此額也。南唐名「法光寺」，宋曰「鹿苑寺」。明永樂間有迴光大士自西域至，居此，改賜今額。唐·劉長卿將赴嶺外，留懸「蕭寺」，自注：寺卽梁朝蕭内史創。蕭子雲爲臨川内史，然則寺卽子雲所建，或卽其舊宅歟？

〔15〕秀色堪餐——謂山水的秀色堪飽眼福之意。白居易《遊春詩》：「秀色似堪餐，穠華如可掬。」

〔16〕紫氣——《關令尹内傳》：「關令登樓四望，見東極有紫氣西邁，喜曰：『應有聖人經過京邑』，至期乃齋戒，其日果見老子。」古時以紫氣代表祥瑞之氣。

〔17〕青霞——唐·楊炯《少室山少姨廟碑》：「青霞起而照天」。《雲笈七籤·青要帝君記》：「以紫氣爲屋，青霞爲城。」「紫氣青霞」一句均係道家的故事，意味着鄰近道觀之處，也可借景，與上聯「蕭寺卜鄰」相呼應。

〔18〕鶴聲——《正韻》：「鶴音涸，似鵠，長頸，高脚，丹頂，白身，頸翅有黑，常以夜半鳴，聲聞八九里。」蘇軾《後赤壁賦》：「適有孤鶴橫江東來，玄裳縞衣，戛然長鳴，掠余舟而西也……夢一道士，羽衣蹁躚，……疇昔之夜，飛鳴而過我者，非子也耶？道士顧笑，余亦驚寤。」

〔19〕白蘋紅蓼——白蘋卽浮萍、水萍，屬水萍科，生于水上。紅蓼亦稱「葒草」、「水蓼」、「天蓼」，屬蓼科，生于水濱或低濕之地。

〔20〕鷗盟——《禽經》：「鷗，信鳥也。」宋·陸游《夏日雜詠詩》：「鶴整千年駕，鷗尋萬里盟。」

〔21〕籃輿——卽籐轎或竹轎，今四川盛行的滑杆，及過去遊山的籐轎卽屬此類。《陶潛傳》：「向乘籃輿，亦足自適。」

〔22〕櫪杖——按「櫪」與「櫟」通。所謂櫪杖，卽由櫟類枝條所製的手杖。蓋櫟材堅韌，爲適于作杖的樹種，故杖多稱「櫟杖」。按櫟屬殼斗科，在南方通稱爲「麻櫟」，北方通稱「柞樹」，亦有稱「青岡」或「橡樹」者，爲我國主要造林樹種之一。

〔23〕堞雉——本作「雉堞」，卽城上女牆，鮑照《蕪城賦》：「板築雉堞之殷」。因求對杖，故改作「堞雉」。

〔24〕長虹——猶言大橋，因長橋横跨，遠望如垂虹，故云。杜牧《阿房宮賦》：「長橋卧波，不霽何虹？」

〔25〕摩詰——王維字，唐人，善詩畫，有別業在藍田縣（今陝西省藍田縣）的輞川。

〔26〕季倫——見題詞注〔3〕。

〔27〕消夏——卽消夏灣，在今江蘇省蘇州市洞庭西山，吴王夫差曾避暑于此。

〔28〕藏春——《長篇》：「刁約作藏春塢，日遊其中。」宋·蘇軾詩：「藏春塢裏鶯花鬧，仁壽橋邊日月長。」按藏春塢在江蘇鎮江市清風橋，本林仁肇故宅。宋·刁約因築此，西有萬松岡。宋·司馬光詩：「藏春在何處，鬱鬱萬松林。」參看《中國地名大辭典》。

〔29〕浮白——浮：罰人飲酒曰「浮」。《小爾雅》：「浮，罰也，謂罰爵也。」《禮·投壺》：「無偝立，無踰言，若是者浮。」白：罰爵名。《説苑》：「魏文侯與士大夫飲，使公乘不仁爲觴政。曰：『飲不酹者，浮以大白』。」後來又稱飲一大杯爲浮一大白。冰調：意指調製凉劑以祛暑，爲夏夜乘風納凉的韻事。

〔30〕偎紅——偎作接近解，此處偎紅應作圍爐烤火解。

〔31〕雪煮——取雪水煮茶。《清異録》：「陶穀買得黨太尉家姬，遇雪，取雪水烹團茶，謂姬曰：『黨家應不識此。』姬曰：『彼粗人，但于銷金帳中，低斟淺酌羊羔美酒耳。』」

〔32〕鮫人——傳説中水居之人。《述異記》：「南海中有鮫人，水居如魚，不廢機織，眼泣則成珠。」

〔33〕蠻女——指小蠻。《詩話》：「白樂天有妓曰『小蠻』，善唱《楊柳枝詞》，遂以曲名之。小蠻善舞，故白詩有云：『楊柳小蠻腰。』」

〔34〕溶溶——月色廣泛之意。唐·許渾詩：「月色正溶溶。」

〔35〕瑟瑟——風聲。梁·簡文帝詩：「耳聞風瑟瑟。」

〔36〕半輪秋水——本作半輪明月解。此處借用作半圓形的池塘解。

〔37〕信畫——作隨手畫出式樣解。

〔38〕大觀——規模宏大之意。如「洋洋乎大觀」，或景物壯麗之意。

〔39〕小築——小型園林之意。

一 相地

園基不拘方向，地勢自有高低；涉門成趣〔1〕，得景隨形，或傍山林，欲通河沼。探奇近郭，遠來往之通衢〔2〕；選勝落村，藉參差〔3〕之深樹。村庄眺野，城市便家〔4〕。新築易乎開基，祇可栽楊移竹；舊園妙于翻造，自然古木繁花。如方如圓，似偏似曲；如長彎而環璧，似偏闊以鋪雲。高方欲就亭臺，低凹可開池沼；卜築〔5〕貴從水面，立基先究源頭，疏源之去由，察水之來歷。臨溪越地，虛閣堪支；夾巷借天〔6〕，浮廊可度。倘嵌他人之勝，有一線相通，非爲間絕，借景偏宜；若對鄰氏之花，纔幾分消息，可以招呼〔7〕，收春無盡。架橋通隔水，別館〔8〕堪圖；聚石壘圍牆，居山可擬。多年樹木，礙築簷垣；讓一步可以立根，斫數椏不妨封頂〔9〕。斯謂雕棟飛楹構易，蔭槐挺玉〔10〕成難。相地合宜，構園得體。

［釋文］

園基不拘方向，地勢任其高低；祇須入門有趣，隨地取景，或依傍山林，或溝通河沼，爲探奇觀于近郊，必須避開往來的大道；或選勝景到村落，應當利用高低的密樹。建園于村庄，則宜于眺望；而在城市，則便于居家。新建的園，易于建立基礎，祇要插柳移竹；若是舊有的園，就應整舊翻新，使之樹古花繁，一仍舊觀。園的佈局，要利用天然的地勢：合于方的就其方，適乎圓的就其圓，可偏的就其偏，能曲的就其曲。如遇長而彎的，則結構應像環壁；若爲偏而遠的，則層砌好似鋪雲。其高而方正的，則就它的高方處，建造亭臺。其低而深凹的，則就它的低窪處，開鑿池沼。再説水：也宜合理利用，如選地貴近水面，定基先查源頭，既要疏導水的出路，又要考察水的來源。設若臨溪，可跨水而架以虚閣；假如夾巷，可凌空而接以浮廊。倘欲挹取他處的勝景，祇要有一線相通，就不應隔離，俾有利于借景；若對鄰家的花木，纔有幾分透露，就予以接引，收無限的春光。隔水接以橋梁，可以另建館舍；用石壘成園牆，也能比擬山居。如遇生長多年的古樹，有礙于簷垣的砌築，則不妨把建築物定位退讓一步，以便保留樹木；如與建築物定位關係不大，則不妨修去分枝，並不影響樹冠的發育。這因爲雕棟飛楹的建築，建造較易，而古槐修竹的移植，成活爲難的緣故。總的説來，相地如能合宜，造園自然得體。

［注釋］

〔1〕涉門成趣——涉足園林而感興趣之意。晉·陶潛《歸去來辭》：「園日涉以成趣」。

〔2〕通衢——四通八達之道。

〔3〕參差——高低不齊之意。

〔4〕便家——便于居家之意。

〔5〕卜築——擇地構屋之意。《梁書·劉訏傳》：「曾與族兄劉歊聽講于鍾山諸寺，因共卜築宋熙寺東澗，有終焉之志。」

〔6〕借天——即借上空之意。

〔7〕招呼——俗稱「接引」曰「招呼」。

〔8〕別館——謂館舍之別置于他地者。如「別墅」、「別業」。

〔9〕封頂——作樹冠的形成解。

〔10〕挺玉——作亭亭玉立的竹林解。

（二）山林地

園地惟山林最勝，有高有凹，有曲有深，有峻而懸，有平而坦，自成天然之趣，不煩人事之工。入奥疏源，就低鑿水，搜土開其穴麓〔1〕，培山接以房廊。雜樹參天，樓閣礙雲霞而出没；繁花覆地，亭臺突池沼而參差〔2〕。絶澗安其梁〔3〕，飛巖假其棧〔4〕；閑閑〔5〕即景，寂寂〔6〕探春。好鳥要朋，羣麋〔7〕偕侣。檻逗幾番花信〔8〕，門灣一帶溪流，竹里〔9〕通幽，松寮〔10〕隱僻，送濤聲而鬱鬱〔11〕，起鶴舞而翩翩〔12〕。階前自掃雲〔13〕，嶺上誰鋤月〔14〕。千巒環翠，萬壑流青。欲藉陶輿〔15〕何緣謝屐〔16〕。

［釋文］

園地只有山林地區爲最好：因爲這些地方，有高有窪，有曲有深，或是陡峻而高懸，或是平衍而寬坦，自成天然的幽趣，而不需人力的加工。人深處疏通源流，就低區鑿成池沼。挖掘土方，開闢山洞和山脚；培土成山，以接建房屋和長廊。園林中雜樹參天，樓閣高聳，好像有礙雲霞的出没；地面上繁花覆被，亭臺密集，宛如突破池沼而錯落。遇有絶澗，不妨架設橋梁，見到飛巖，也可藉修棧道。安逸地欣賞勝景，幽静地探詢春光。這裏有求友的好鳥，有結伴的羣麋，檻内逗留幾番花信，門外環繞一帶溪水。竹館通自幽徑，松寮隱于僻處。可以聽鬱鬱的松濤，可以觀翩翩的鶴舞。階前自掃白雲，月下誰鋤梅嶺。千峯環繞綠樹，萬壑争流碧水。欲想逛遊，可以坐竹轎代步，不須着木屐尋山（意謂不必遠遊，而有跋涉之勞）。

[注釋]

〔1〕穴麓——卽山洞山脚。

〔2〕參差——見前相地注〔3〕。

〔3〕梁——卽橋，水上架木，以便通行的橋梁。《孟子．離婁》：「十二月輿梁成」。

〔4〕棧——卽險絶的山區，傍山架木，以便通行的棧道，在陝西有連雲棧。張良説：「漢王燒絶棧道」，卽指此。

〔5〕閒閒——安逸之義。《詩經．魏風》：「十畝之間兮，桑者閒閒兮。」

〔6〕寂寂——幽静貌。《樂府雜録》：「廣場寂寂無一人」。

〔7〕麋——《説文》：鹿屬，冬至解其角。

〔8〕花信——卽花信風。《書肆説鈴》：「花信風自小寒起至穀雨，合八氣，得四個月，每氣管十五日，每五日一候，計八氣分得二十四候，每候以一花之風信應之。」

〔9〕竹里——王維的輞川别業中有竹里館一景，爲與松寮相對，簡稱「竹館」。

〔10〕松寮——松林間的小屋。

〔11〕鬱鬱——《後漢書．光武帝紀》：「氣佳哉，鬱鬱葱葱然」，此處形容濤聲的澎湃。

〔12〕翩翩——鳥飛輕疾貌。三國．魏．曹植《洛神賦》：「翩翩若鴻雁之驚」。

〔13〕掃雲——隱人屏絕世事之意。古詩：「椶櫚等掃臥來雲」。

〔14〕鋤月——義同上。宋《方岳傳》：「問舍求田計未成，一蓑鋤月每含情。」

〔15〕陶輿——見前本卷園說注〔21〕籃輿。

〔16〕謝屐——《晉書》：「謝靈運尋山涉水，常着木屐。上山則去其前齒，下山則去其後齒，世稱『謝公屐』。」

（二）城市地

市井〔1〕不可園也；如園之，必向幽偏可築，鄰雖近俗，門掩無譁〔2〕。開徑逶迤〔3〕，竹木遙飛疊雉〔4〕；臨濠蜒蜿〔5〕，柴荊〔6〕横引長虹〔7〕。院廣堪梧，堤灣宜柳；別難成墅〔8〕，茲易爲林。架屋隨基，濬水堅之石麓；安亭得景，蒔花笑以春風。虛閣蔭桐，清池涵月。洗出千家烟雨〔9〕，移將四壁圖書〔10〕。素入鏡中飛練〔11〕，青來郭外環屏。芍藥宜欄，薔薇未架；不妨凭石，最厭編屏；未久重修〔12〕，安垂不朽？片山多致，寸石生情；窗虛蕉影玲瓏〔13〕，巖曲松根盤礡〔14〕。足徵市隱〔15〕，猶勝巢居〔16〕，能爲鬧處尋幽，胡舍近方圖遠；得閒即詣〔17〕，隨興携遊。

［釋文］

城市不適于造園。假如要造園，必須選擇幽靜而偏僻的地方，園雖鄰近塵俗，但關門也可隔絶諠譁。開闢迂迴的小路，使在竹木之間，遥見城牆；挖成曲折的池沼，使于柴門之内，横接長橋。寬敞的院落，可栽梧桐；彎曲的堤岸，宜插楊柳。他處雖難建墅，此地却易成林。屋架應隨地基，濬渠須駁石脚；設亭足增景色，蒔花笑迎春風。凌虚的臺閣，桐蔭上覆；清澈的池塘，月影涵虚。好似晴嵐洗出千家烟雨，清光移上四壁圖書。池中飛落的瀑布，如掛白練；郭外環列的山峯，似開翠屏。芍藥宜以欄護，不妨利用巖石，薔薇何必架扶，最忌編爲花屏。如不經常修理，安能保其常茂？要知片山固多野致，寸石亦自生情。窗牖虚明，看玲瓏的蕉影；山巖曲折，賞盤礴的松根。于此足證城市小隱，還勝野外巢居。總的說來：能在諠鬧處，尋出幽境，何必定要舍近圖遠？這樣，得暇便能走到，乘輿即可携遊。

［注釋］

〔1〕市井——即城市之意。《管子·小匡》：「處商必就市井。」

〔2〕無譁——即無諠譁，或無吵鬧之意。《書》：「嗟！人無譁聽命。」

〔3〕逶迤——曲而長貌，亦作「逶移」，或作「委蛇」。《淮南子》：「河逶迤，故能遠。」

〔4〕疊雉——高疊的城牆，參照前園說注〔23〕。

〔5〕蜿蜒——即蜿蜒倒用，見前園說注〔6〕。

〔6〕柴荊——《說文》：「柴，小木散材。」「荊，楚木也」，按：即杜荊。杜甫《杜工部草堂詩箋》十一，羌村之三：「驅雞上樹木，始聞叩柴荊。」「柴荊」與「蓬户」、「蓬門」同義，即柴門之意。農村山區，有以柴木爲門者。

〔7〕長虹——見前園說注〔24〕。

〔8〕墅——亦作「別墅」，亦稱「別業」、「別館」。

〔9〕千家烟雨——按千家，猶言「千門」，烟雨則天色迷漫。「洗出千家烟雨」，實爲雨後天氣晴明之象。

〔10〕四壁圖書——四壁：室内四邊牆壁之意。圖書：指書籍而言。「四壁圖書」極言藏書之富。

〔11〕飛練——按「練」爲柔軟潔白之熟絹，所謂『飛練』，指瀑布而言。

〔12〕未久重修——「未」字原書作「束」，今按明版本改正。謂花木需經常加以整理，以利發育。

〔13〕玲瓏——精巧之意。韓愈詩：「窺窗映竹見玲瓏」。《文選·左思·吳都賦》：「珊瑚幽茂而玲瓏」。

〔14〕盤礴——猶言磅礴，有廣被充塞之意。《庄子》：「旁礴萬物」。

〔15〕市隱——隱于城市之意。王康琚詩：「小隱隱陵藪，大隱隱城市」。

〔16〕巢居——構屋樹上而居，即遯跡山林隱居之意。

〔17〕詣——到達之意。

（三） 村庄地

古之樂田園者，居于畎畝〔1〕之中；今耽丘壑〔2〕者，選村庄之勝，團團籬落，處處桑麻；鑿水爲濠〔3〕，挑堤種柳；門樓〔4〕知稼〔5〕，廊廡連芸〔6〕。約十畝之基，須開池者三，曲折有情，疏源正可；餘七分之地，爲壘土者四，高卑無論，栽竹相宜。堂虚緑野〔7〕猶開，花隱〔8〕重門若掩。掇石莫知山假，到橋若謂津通〔9〕。桃李成蹊〔10〕，樓臺入畫。圍牆編棘〔11〕，竇〔12〕留山犬迎人；曲徑繞籬，苔破家童掃葉。秋老蜂房未割；西成〔13〕鶴廪〔14〕先支。安閒莫管稻粱謀〔15〕，沽酒不辭風雪路；歸林得意〔16〕，老圃〔17〕有餘。

［釋文］

古人中愛好田園的，常住田野之間；現在喜歡山水的，皆選村庄之勝。四圍都是籬落，到處看到桑麻；鑿水以爲河，挑堤而種柳。門樓上俯察庄稼，走廊外接着菜圃。大約用十畝的基地，當以十分之三的面積開濬池塘，須要曲折有致，正好疏導源流；其餘七分之地，以四分壘土成山，高低可以不論，栽竹最爲相宜。其内外景色：廳堂空虚，好似開曠的緑野，而花樹隱蔽，有如掩閉的重門。叠石成山，不知是假；行人至橋，似同過渡。桃李滿園，可以成蹊；樓臺幾處，真能入畫。編棘以爲緑籬，爲小狗迎人預留洞穴；環籬築成曲徑，看家童掃葉，踏破蒼苔。秋光已老，還未割取蜂房；秋收既完，先來安排鶴糧。安閒不作衣食之計；買酒無辭風雪之途。真是退歸林下，怡然自得，願爲老圃，儘有餘歡。

［注釋］

〔1〕畝畝——耕地或田間之意。此指經區劃的耕地而言。明版本甽畝上有「于」字，按明版改正。

〔2〕丘壑——《晉書·謝安傳》：「謝安雖怡情丘壑，然每遊賞必以妓女從」。

〔3〕濠——原爲城下池，俗稱「護城河」，此處則泛指河道而言。

〔4〕門樓——此指大門，明代官宦富有人家大門，多以磚雕飾之，稱「門樓」。錢泳《履園叢話》卷十二：「大廳前必有門樓，樓上雕刻人馬戲文，玲瓏剔透。」

〔5〕知稼——習于農事之意，指有關農業經營而言。

〔6〕連芸——《急就篇注》：「芸，芸蒿也，生熟皆可啗。」此處借用作菜圃解。

〔7〕緑野——此處作緑色的原野解。

〔8〕花隱——「花隱若掩重門」即栽花種樹藉以隱蔽，使内外隔離，形同重增一門之意。

〔9〕津通——津，渡口。晉·陶淵明《桃花源記》：「後遂無問津者。」此處借作過渡或通航解。

〔10〕桃李成蹊——蹊，小路也。謂桃李林下，常有人行走，不覺行成便道之意。《孟子》：「桃李不言而成蹊。」

〔11〕編棘——棘，即酸棗，屬鼠李科。《齊民要術》：「凡作園籬法，于牆基之所，方整耕深，凡作三壟，中間相去各二尺，秋上酸棗熟時收，于壟中概插之。……」《種樹書》：「棘能避霜，花果種棘園中即茂。」按：編棘，即以酸棗爲籬之意。其他有刺的植物如枸橘、馬甲子等，亦適于供緑籬之用。嘗見廣東以刺竹爲籬，

雲南以仙人掌、金剛纂爲籬，皆有刺。

〔12〕竇——洞穴之意。畜犬之家，常在牆下留一洞穴，以便犬之出入，俗稱「狗洞」。

〔13〕西成——《書·堯典》：「秩西成。」《禮·疏》：「秋位在西，于時萬物成熟。」白居易詩：「見今令人飽，何必待西成。」

〔14〕鶴廩——供應鶴糧之穀倉。古人養鶴，多預備鶴糧。宋·徐經孫詩：「睡餘携幼遊花圃，飯後呼童給鶴糧。」

〔15〕稻粱謀——唐·杜甫詩：「君看隨陽雁，各有稻粱謀。」謂爲衣食奔走之意。

〔16〕得意——「意」字原本作「志」，今按明版改正。

〔17〕老圃——指種植蔬菜之老農而言。《論語·子路》：「吾不如老農，吾不如老圃。」

（四）郊野地

郊野擇地，依乎平岡曲塢〔1〕，叠隴喬林〔2〕，水濬通源，橋横跨水，去城不數里，而往來可以任意，若爲快也。諒地勢之崎嶇〔3〕，得基局之大小；圍知版築〔4〕，構擬習池〔5〕。開荒欲引長流，摘景全留雜樹。搜根懼水〔6〕，理頑石而堪支；引蔓通津〔7〕，緣飛梁而可度。風生寒峭〔8〕，溪灣柳間栽桃；月隱清微〔9〕，屋繞梅餘種竹；似多幽趣，更入深情。兩三間曲盡春藏〔10〕，一二處堪爲暑避，隔林鳩喚雨〔11〕，斷岸馬嘶風〔12〕；花落呼童，竹深留客；任看主人何必問〔13〕，還要姓字不須題〔14〕。須陳風月清音〔15〕，休犯山林罪過〔16〕。韻人安褻，俗筆偏塗〔17〕。

［釋文］

在郊外選擇園地，要依着平坦的山岡，曲折的山窪，重疊的丘陵和高大的林木。濬水溝通泉源，跨水橫架橋梁，這裏去城不過數里，往來可以任意，如能這樣做到，也是一件快事。有關園内的設施要衡量地勢的高低，掌握基地的大小，圍牆宜用土築，作塘可仿習池。當開闢荒地，必先疏引長流，欲把取景物，尤應保留雜樹。挖掘牆基，恐兆滲水，填巨石藉以支持；延長河流，利于通航，架高橋而便過渡。當春風寒峭之時，溪灣楊柳，覓隙栽桃；值淡月疏星之夜，繞屋梅花，尋餘種竹。這樣的布局似能增多幽趣，更入深情。兩三間屋宇，委曲藏春；一二處亭榭，清涼避暑。隔林聽鳩喚雨，斷岸有馬嘶風。呼童閒掃落花；留客共賞幽竹。任意尋芳，主人何勞過問，客人不必通名。必須領略風月的清音，不可干犯山林的禁例。雅士那肯輕褻，俗人偏愛亂塗。

〔注釋〕

〔1〕塢——即山窪之意。在山區兩邊高而中間低的地區，統稱爲「窪」或「塢」或「冲」，亦有稱爲「窪子」或「冲子」者。

〔2〕喬林——高大的林木之意。今造林學上有「喬林」及「喬林作業」之稱。與「矮林」及「矮林作業」相對稱。

〔3〕崎嶇——山路高低不平之意。晉·潘岳賦：「軌崎嶇以低昂」。

〔4〕版築——謂築牆以兩板相夾，置土其中，而以杵堅之。今俗稱「樁土築牆」。其牆通稱「土牆」。《孟子·告子》：「傅說舉于版築之中」。

〔5〕習池——亦名「習家池」，即「高陽池」。《襄陽記》：「漢侍中習郁于峴山南，依《範蠡·養魚經》作魚池，池邊有高堤，種竹及長楸、芙蓉，綠岸菱芰覆水，是遊燕名處。」

〔6〕搜根懼水——搜根，挖掘牆足之意。懼水，原本作帯水，按明版本改正。

〔7〕引蔓——引長水路之意。通津，是通過渡口之意。

〔8〕寒峭——寒而急之意。一作峭寒。徐陵詩：「清明前後寒峭多」。

〔9〕清微——猶言微清，指月不甚明而言。

〔10〕春藏——此指取暖之意。宋·王禹偁詩：「白紙擁窗堪聽雪，紅爐着火別藏春。」

〔11〕鳩喚雨——《農占》：「鳩鳴有還聲爲『呼婦』，主晴。無還聲爲『逐婦』，主雨。」一說：「鳩，久晴則鳴，久雨亦鳴。」

〔12〕馬嘶風——馬鳴之意。《古詩》：「胡馬嘶北風。」杜甫詩：「拄杖看花聽馬嘶。」

〔13〕任看主人何必問——遊園不必問主人之意。《世說新語》：「晉·王獻之，高邁不拘，風流爲一時之冠，入會稽，經吳門，聞顧辟疆有名園，先不相識，乘平肩輿，徑入，值顧方集賓友，酣燕園中，而獻之遊歷既畢，指揮好惡，傍若無人。」唐·白居易詩：「看園何須問主人」即本此典。

〔14〕還要姓字不須題——原版本爲「姓氏」，按明版本改爲「姓字」。客來不報姓名之意。《晉書·王徽之傳》：

「吳中一士大夫家，有好竹，欲觀之，便出坐輿造竹下，諷嘯良久，主人灑掃請坐，徽之不顧，將出，主人乃閉門，徽之便以此賞之，盡歡而去。」杜甫詩：「入門無須問主人」。

〔15〕清音——風月聲色之意。晉·左思《招隱》詩：「非必絲與竹，山水有清音。」元·粱棟《登大茅峯》詩：「草木爲我留清音。」（見《金陵新志》）

〔16〕罪過——此處指褻瀆山林的行動而言。

〔17〕偏塗——指庸俗的題詠文字，偏愛到處亂塗。

（五）傍宅地

宅傍與後有隙地可葺園，不第便于樂閒，斯謂護宅之佳境也。開池濬壑，理石挑山，設門有待來賓，留徑可通爾室。竹修林茂，柳暗花明；五畝何拘，且效溫公之獨樂〔1〕；四時不謝，宜偕小玉〔2〕以同遊。日竟花朝，宵分月夕，家庭侍酒，須開錦幛之藏〔3〕；客集徵詩，量罰金谷之數〔4〕。多方題詠，薄有洞天〔5〕；常餘半榻琴書，不盡數竿烟雨〔6〕。磵戶〔7〕若爲止靜，家山何必求深；宅遺謝脁之高風〔8〕，嶺劃孫登之長嘯〔9〕。探梅虛蹇〔10〕，煮雪當姬〔11〕。輕身尚寄玄黃〔12〕，具眼胡分青白〔13〕。固作千年〔14〕事，寧知百歲人；足矣樂閒，悠然護宅。

〔釋文〕

凡宅傍宅後如有空地，皆可造園；這不但便于暇時行樂，且可藉以維護住宅優美的環境。就此開闢池塘，疏通溝壑，叠石成峯，挑土爲山。設邊門以待賓客，留便道可通爾室。栽植樹木花卉，以構成一個竹修林茂和柳暗花明的佳境。園不在大而在精，五畝之地何妨，且學司馬温公的獨樂園；四時之花不斷，可偕小玉以同遊。花晨爲歡永日，月夜尋樂中宵。家人歡宴，不須設錦幛的隔屏；客會賽詩，可依金谷的罰則。多求題詠，小有洞天。琴書常堆半榻，烟雨何止幾竿。水邊築室，似能求静；家裏爲山，不必高深。宅内有謝脁的高風，嶺上作孫登的長嘯。探梅不需騎驢，煮雪常對愛妾。輕微之身，還寄托于天地之間，則對人的看法，何爲有青白之分？文章固可傳之千載，人壽難能超過百歲。只要樂得安閒，便爲已足，何况還能護宅，更覺悠然自得。

〔注釋〕

〔1〕　温公之獨樂——見前自序注〔15〕。

〔2〕　小玉——爲侍女之别稱。唐詩中常見之。如李賀詩：「眼前便有千里意，小玉開屏見山色。」元稹詩：「小玉上牀鋪夜衾。」路德延詩：「暖茶催小玉。」白居易《長恨歌》：「轉教小玉報雙成」。

〔3〕　須開錦幛之藏——此謂家姬侍妾，不須設幛。按《開元天寶遺事》：「寧王有樂姬寵姐，善歌而色美，客不

能見。李白醉戲曰：『王何惜此女樂于衆』，乃設七寶花幛召寵姐歌于幛後，白起謝曰：『雖不許見面，聞聲亦幸矣』」。

〔4〕量罰金谷之數——晉·石崇：《金谷詩序》：「或不能者，罰酒三斗。」

〔5〕洞天——《道書》稱：「洞天福地，仙真所居，有三十六洞天，七十二福地，皆山水佳處。」

〔6〕數竿烟雨——指竹而言。

〔7〕磵户——結茅而居之意。按「澗」與「磵」古相通。孔稚珪《北山移文》：「磵户摧絶无與歸，石徑荒凉徒延佇。」

〔8〕謝朓高風——謝朓，南朝·齊人，字玄暉，少好學，有美名，文章清麗，善草隸，長于五言詩。曾爲宣城太守，刑輕訟簡，好奬人才，暇則登覽，多題句，至今稱「謝宣城」，高風亮節，爲一時稱頌。

〔9〕孫登長嘯——孫登，魏晉時隱士，字公和，阮籍常過孫門，與談不答，惟大笑。阮去至半嶺，聞登長嘯，聲如鳳凰。

〔10〕虚蹇——蹇，驢也。謂園在宅旁，不需騎驢訪梅花消息。按驢背尋梅，指唐詩人孟浩然故事。

〔11〕煮雪當姬——指宋代陶穀得黨太尉家姬煮茶故事。見前園説注〔31〕。

〔12〕輕身玄黄——輕身，卽輕微或罷官家居之人，俗語「無官一身輕」。玄黄，《易》坤卦：「天玄而地黄」，卽天地之意。

〔13〕具眼胡分青白——謂對人不必顯分好惡之意。《晉書》：「阮籍不拘禮教，能爲青白眼，見禮俗士，則以白眼對之，嗣見嵇康，乃具青眼。」吴玄有章一方，文曰：「青山不負我，白眼爲看他。」

〔14〕千年百歲——杜甫偶題：「文章千古事，得失寸心知。」對吴玄所輯《吾征録》而言。古詩：「生年不滿百，常懷千歲憂。」亦係計成規勸吴玄之詞。

（六）江湖地

江干湖畔，深柳疏蘆之際，略成小築，足徵大觀〔1〕也。悠悠〔2〕烟水，澹澹〔3〕雲山，泛泛〔4〕漁舟，閒閒〔5〕鷗鳥。漏層陰〔6〕而藏閣，迎先月以登臺。拍起雲流〔7〕，觴飛霞竚〔8〕，何如緱嶺〔9〕，堪諧〔10〕子晉吹簫？欲擬瑶池〔11〕，若待穆王侍宴。尋閒是福，知享卽仙。

［釋文］

在江邊、湖畔、深柳、疏蘆的地方，粗疏地作成規模不大的園舍，也足以表現洋洋大觀。因爲在這種環境之間，有閒静而渺邈的湖水，有動盪而安逸的雲山，有水上浮動的漁舟，有岸旁閒適的沙鷗。園内建置：山閣爲層陰暗隱，臺高迎早月光臨。按拍高歌，直教響徹雲流；傳杯酣飲，竟欲攀留韶景。山比緱嶺何如，能和王子晉吹簫？臺與瑶池相似，如候周穆王開宴。這樣取得安閒，便爲福分，能知享受，就是神仙。

［注釋］

〔1〕　大觀、小築——見前園說注〔38〕、〔39〕。

〔2〕　悠悠——渺邈無期之意。《詩·邶風·終風》：「悠悠蒼天」，亦作閒靜解。王勃《滕王閣序》：「閒雲潭影日悠悠」。

〔3〕　澹澹——漢·枚乘《七發》：「湍流遡波又澹澹之。」李善注：「搖蕩之貌」。

〔4〕　泛泛——有上浮之意。《漢書·禮樂志·郊祀歌》：「泛泛滇滇從高斿。」按「斿」同「游」，浮也。

〔5〕　閒閒——安適而機警之意。

〔6〕　層陰——唐·陸冲詩：「汗澤無夷軌，重巒有層陰。」唐·李商隱詩：「雲從城上起層陰」。

〔7〕　拍起雲流——拍爲樂曲之節，「雲流」謂拍曲響起，能上徹高空，隨雲流響之意。

〔8〕　觴飛霞竚——觴飛：謂傳杯之意。李白《春夜宴桃李園序》：「飛羽觴而醉月。」霞竚：謂期韶光暫留之意。

〔9〕　緱嶺——即緱氏山，在今河南省偃師縣南四十里。《後漢書》王喬傳·注：「周·王子晉善吹簫，于七月七日，乘白鶴駐緱嶺，舉手謝時人而去。」

〔10〕　諧——「諧」當作「偕」。

〔11〕　瑶池——相傳爲西王母所居。《穆天子傳》：「觴西王母于瑶池之上。」按今新疆天山上有湖，稱「天池」。

二 立基

凡園圃立基，定廳堂爲主。先乎取景，妙在朝南，倘有喬木數株，僅就中庭〔1〕一二。築垣須廣，空地多存，任意爲持，聽從排佈；擇成館舍，餘構亭臺；格式隨宜〔2〕，栽培得致。選向非拘宅相〔3〕，安門須合廳方。開土堆山，沿池駁岸；曲曲一灣柳月，濯魄清波；遙遙十里荷風，遞香幽室。編籬種菊，因之陶令〔4〕當年；鋤嶺栽梅，可並庾公〔5〕故跡。尋幽移竹，對景蒔花；桃李不言〔6〕，似通津信；池塘倒影，擬入鮫宮〔7〕。一派涵秋，重陰結夏。疏水若爲無盡，斷處通橋；開林須酌有因，按時架屋。房廊蜒蜿〔8〕，樓閣崔巍〔9〕；動「江流天地外」之情，合「山色有無中」〔10〕之句。適興平蕪〔11〕眺遠，壯觀喬嶽瞻遙；高阜可培，低方宜挖。

［釋文］

凡造園建立地基的規劃，以選定廳堂位置爲主。首先注意取景，並以南向爲宜。如基地上原有幾棵大樹，僅就中庭保留一二。築牆要廣闊，餘地要多留，這樣，纔能設計如願，佈置隨意。擇地築成館舍，餘以構置亭臺。風格式樣，自可隨宜，栽培花木，應取其饒有姿態。在起造時：選擇方位，不可爲堪輿的妄言所惑；安設門樓，必須與廳堂的方向相符。次則，挖土堆成假山，沿池駁成石岸。曲折的河堤，栽些楊柳，一彎月上，好像濯魄清波；遙遠的池塘，種上荷花，十里風來，宛似送香幽室。編排竹籬，種上菊花，效法陶令當年；鋤開嶺路，栽些梅樹，可比庾公舊事。找幽靜之地，移幾竿竹，就當時之景，植數叢花。桃李雖屬不言，好似傳達問津的信息；景物影射池塘，就如欲入鮫人的宮室。一派清溪，涵着秋意；幾重樹木，遮住驕陽。疏通水源，要如同不盡，在斷處接通橋梁；開採林木，要審察用途，便按時架造屋宇。平砌的房廊，要曲折有致；聳立的樓閣，要高峻凌空。看起來：要能夠使人興起「江流天地外」的情感，適合「山色有無中」的詩意。遠望原野，可以適興；仰看高山，足以壯觀。因此，高處可再培高，低處更宜深挖，這樣才能夠造成園林的勝景。

［注釋］

〔1〕 中庭——此處作庭中解。造園學上將庭園分爲「主庭」、「前庭」、「中庭」、「後庭」、「便庭」等各部，庭園中四圍爲建築物環繞之部分，謂之「中庭」，亦稱「庭院」。

〔2〕 隨宜——卽寓因地制宜與「隨宜加減」之意，後者見宋·李誡《營造法式》。

〔3〕 宅相——《晉書·魏舒傳》，舒少孤，爲外家寧氏所養。寧氏起宅，相宅者云：「當出貴甥」，外祖母以魏氏甥小而慧，意謂應之。舒曰：「當爲外氏成此宅相。」後人用作外甥的典故。但按原文此處應作相宅者解。

〔4〕 種菊陶令——晉·陶潛生平愛菊，因其嘗作彭澤令，故稱陶令。陶詩有云：「采菊東籬下」，「秋菊有佳色」。

〔5〕 栽梅庾公——《漢書》：「漢武帝時曾遣庾勝兄弟伐『南越』，勝守『南嶺』，因名『大庾嶺』，又名『庾嶺』。」唐·張九齡嘗開徑植梅于嶺上，故今亦稱「梅嶺」。此卽鋤嶺栽梅故事的由來。

〔6〕 桃李不言——見前本卷相地「村庄地」注〔10〕桃李成蹊。

〔7〕 鮫宮——見園説注〔32〕。

〔8〕 蜒蜿——見園説注〔6〕。

〔9〕 崔巍——山勢高峻貌。

〔10〕 江流天地外，山色有無中——原爲唐·王維《漢江臨眺》詩中的兩句。此處借用以描寫園林外的景色。

〔11〕 平蕪——卽緑野之意。指野草繁茂之處而言。

（一）廳堂基

廳堂立基，古以五間三間爲率；須量地廣窄，四間亦可，四間半亦可，再不能展舒〔1〕，三間半亦可。深奥〔2〕曲折，通前達後，全在斯半間中，生出幻境〔3〕也。凡立園林，必當如式。

［釋文］

建立廳堂地基，古來大都以五間或三間爲標準，這要衡量地面的寬窄，寬的可建成四間，或建四間半也可；如地狹不能舒展，就建成三間半也可。深奥曲折，通前達後，全在這半間中，生出變幻的境界。大凡建造庭園，須準此意。

［注釋］

〔1〕展舒——即擴充或放寬展長之意。

〔2〕深奥——有深藏隱秘，不易令人窺見之意。

〔3〕幻境——有境地虚幽不可意想之意。

（二）樓閣基

樓閣之基，依次序定在廳堂之後。何不立半山半水之間，有二層三層之説；下望上是樓，山半擬爲平屋；更上一層，可窮千里目〔1〕也。

［釋文］

樓閣地基，依照一般的次序，一定在廳堂的後面。何不設立在半山半水之間？還有二層變三層的説法；從下面向上望是二層樓房，但從半山後面進去就像一層平房；以樓建在半山地，在半山登樓遠眺，真有「欲窮千里目，更上一層樓」之概。

［注釋］

〔1〕　窮千里目——「欲窮千里目，更上一層樓。」原爲唐·王之渙《登鸛雀樓詩》中的兩句，此處亦係借用。

（三）門樓基

園林屋宇，雖無方向，惟門樓基，要依廳堂方向，合宜則立。

［釋文］

庭園中的房屋，雖可不拘方向，但門樓的基地，要依照廳堂的方向，形勢適宜，就照它的方向建立。

（四）書房基

書房之基，立于園林者，無拘内外，擇偏僻處，隨便通園，令遊人莫知有此。内構齋、館、房、室，借外景，自然幽雅，深得山林之趣。如另築，先相基形：方、圓、長、扁、廣、闊、曲、狹，勢如前廳堂基餘半間中，自然深奥。或樓或屋，或廊或榭，按基形式，臨機應變〔1〕而立。

[釋文]

凡書房地基之在園中的，不論在內在外，必須選擇僻靜的地方，並能任意地通到園中，使遊人在表面上並不知道有此結構。在內構築齋、館、房、室，借取室外景物，自然幽雅宜人，深得山林之樂。假如另外建築（不在園內），應先相度地形的方、圓、長、扁、廣、闊、曲、狹，如前所述的廳堂基所留的半間，適應自然，構成幽深曲折的佳境。或建樓，或築屋，或綴廊，或構榭。必須按照形勢，因地制宜，善爲設置。

[注釋]

〔1〕 臨機應變——即隨機應變，因地制宜之意。

（五）亭榭基

花間隱樹，水際安亭，斯園林而得致者。惟樹祇隱花間，亭胡拘水際。通泉竹里〔1〕，按景山巔，或翠筠〔2〕茂密之阿，蒼松蟠鬱〔3〕之麓；或借濠濮之上，入想觀魚〔4〕；倘支滄浪之中，非歌濯足〔5〕。亭安有式，基立無憑。

［釋文］

樹，隱在花間，亭，建于水邊，這是造園中構成風致的要素。但是樹不必定要隱于花間，亭又何必祇能限于水邊！凡是貫通泉流的竹林，據有景物的山頂，或翠竹茂密的山窪，或蒼松盤曲的山麓，皆可設置；或借地于水流之上，可能動觀魚之想；或支柱在滄浪之中，並非爲濯足之歌。亭之安置，各有定式；選地立基，並無準則。

［注釋］

〔1〕　竹里——見前園說注〔8〕。

〔2〕　翠筠——綠竹之意。按指竹竿外表的綠色而言。俗稱「竹青」。

〔3〕 蟠鬱——盤屈之意。

〔4〕 濠濮觀魚——按「濠」「濮」原爲二水名。此處作在水上建築亭榭解。揚州的五亭橋，蘇州留園臨池濠濮亭，即屬此種形式。觀魚出自《庄子·秋水》：「庄子與惠子遊于濠梁之上，庄子曰：『儵魚出遊從容，是魚樂也。』惠子曰：『子非魚，安知魚之樂？』庄子曰：『子非我，安知我不知魚之樂。』」

〔5〕 滄浪濯足——《孟子·離婁》：「有孺子歌曰：『滄浪之水清兮，可以濯吾纓；滄浪之水濁兮，可以濯吾足。』」《宋史·蘇舜欽傳》：「在蘇州買水石作滄浪亭。」

（六） 廊房基

廊基未立，地局先留，或餘屋之前後，漸通林許〔1〕。躡山腰，落水面，任高低曲折，自然斷續蜿蜒。園林中不可少斯一斷〔2〕境界。

［釋文］

當廊基尚未確定之先，必須預留地步。或留在屋的前後，逐步通到林間。上登山腰，下臨水面，隨着高低曲折的自然形勢，如斷如續地像蛇行一般。這是造園中不可缺少的一段境界。

［注釋］

〔1〕林許——猶言林間，卽林木之間之意。

〔2〕斷——猶言一段，或是一截。《釋名》：「斷，段也，分爲異段也。」

（七）假山基

假山之基，約大半在水中立起。先量頂之高大，纔定基之淺深。掇石須知占天〔1〕，圍土必然占地〔2〕。最忌居中，更宜散漫〔3〕。

［釋文］

假山的地基，約有大半要從水中立起。先應衡量山頂的高大，纔能決定山基的深淺。

疊石應知利用空間，培土必須占用地面。假山的位置，切忌居于當中，最好分散各處。

［注釋］

〔1〕 占天——謂占用上空。

〔2〕 占地——謂占用地面。

〔3〕 散漫——猶言疏稀錯雜，不聚集一處。

凡家宅住房，五間三間，循次第而造；惟園林書屋，一室半室，按時景爲精。方向隨宜〔1〕，鳩工合見〔2〕；家居必論，野築〔3〕惟因〔4〕。雖廳堂俱一般，近臺榭有別致。前添敞卷〔5〕，後進餘軒〔6〕；必用重椽〔7〕，須支草架〔8〕；高低依製，左右分爲。當簷〔9〕最礙兩廂，庭除〔10〕恐窄；落步〔11〕但加重廡〔12〕，階砌猶深。升栱〔13〕不讓雕鸞〔14〕，門枕胡爲鏤鼓〔15〕；時遵雅樸，古摘端方。畫彩雖佳，木色〔16〕加之青綠；雕鏤易俗，花空嵌以仙禽。長廊一帶迴旋，在豎柱之初，妙于變幻；小屋數椽委曲〔17〕，究安門之當，理及精微。奇亭巧榭，構分紅紫之叢；層閣重樓，迥出雲霄之上；隱現無窮之態，招搖〔18〕不盡之春。檻外行雲〔19〕，鏡中流水〔20〕，洗山色之不去，送鶴聲之自來。境仿瀛壺〔21〕，天然圖畫，意盡林泉之癖，樂餘園圃之間。一鑒〔22〕能爲，千秋不朽。堂占太史〔23〕，亭問草玄〔24〕，非及雲藝〔25〕之臺樓，且操般門〔26〕之斤斧。探奇合志，常套俱裁。

［釋文］

大凡人家住屋，儘管五間三間，要依次序而建。但是園中書屋，不論一室半室，須隨時尚景物爲精。方向可以隨宜，意見必須統一：家居房屋建築必須講究方向，而造園建築應當因地制宜。雖然廳堂大都近似，但和臺榭接近的，就要有所別致。前面應添敞卷，後面要加餘軒；頂上必用重椽，結構要支草架；高低順序製作，左右分別施工。堂簷前勿建兩廂，庭院恐因而縮小；踏步上若添重簷，臺階便隨之加深。斗栱不必加以雕刻，門枕何須琢成鼓形；趨時遵依雅樸，仿古採取端方。畫彩雖好，如將白木塗上青綠，更覺雅觀。雕鏤易流庸俗，如空花嵌以仙禽，更不相宜。一帶迴旋長廊，當開始立柱之際，要曲具變化之妙。數間小屋曲折，須研究安門之當否，並體察手法之精微。奇亭巧榭，要分建于花木之中，層閣重樓，像遠駕乎雲霄之上。這樣的造園結構，就含有無窮的景物，隱現不定；不盡的春光，招搖而來。檻外似有行雲，池中如在流水。山色青蒼，雨洗不去；鶴聲嘹亮，風自送來。彷彿仙人境界，不啻天然圖畫。林泉之好，隨意可得；園圃之中，爲樂有餘。如能取法于此，就能永久留傳。堂署「德星」，合應太史占象；亭比「草玄」，定有問字人來。這樣做法，雖不及陸雲所造之臺樓，姑學弄魯班門下之斧斤。要知探求奇勝，應當合乎志趣，平常俗套，必須完全屏棄。

［注釋］

〔1〕 隨宜——見前立基注〔2〕。

〔2〕 合見——卽興工時能符合主人意圖，匠師建議，所謂「三分匠七分主」的意思。「園築之主猶須什九，而用匠什一」，卽設計人要掌握原則。

〔3〕 野築——蓋指造園建築之在野外者。

〔4〕 惟因——見興造論注〔10〕，卽因勢制宜，就地取勝之意。

〔5〕 敞卷——卽今之「捲棚」之寬敞者，蘇南稱之「翻軒」。

〔6〕 餘軒——卽開拓後簷（後厦）而使房屋寬敞之意。

〔7〕 必用重椽——原本「用」字誤爲「有」，按明版本改正。爲房屋上草架所用之覆水椽。

〔8〕 草架——凡房屋之用卷者或梁架上施覆水椽者，其結構必用草架。

〔9〕 當簷——《呂氏春秋·義賞》：「豈非用賞罰當耶？」注：當，正也。又《康熙字典》：「當，主也。」《左傳》襄公二十六年：「慶封當國」，故當簷卽正室、主室或廳堂之簷。

〔10〕 庭除——謂庭前階下。李咸用詩：「不獨春光堪醉客，庭除常見好花開。」今人稱爲「院落」、「院子」，或稱「天井」、「庭院」。

〔11〕 落步——意卽踏步或臺階，北方稱「臺階」，南方叫「踏步」，蘇州人稱「落步」。「階砌」，俗亦稱臺階，或階沿。

〔12〕 重廡——指屋簷外再加重簷而言。

〔13〕 升栱——爲斗栱之簡稱，今通稱「斗栱」。唐、宋文獻中，皆作「枓栱」，或「栱枓」。隋代作「斗科」，蘇南稱「牌科」。升，宋代稱「散枓」或「小斗」，爲類似升狀之小木塊。枓，《廣韻》：「枓，柱上方木也。」爲類似斗狀之大木塊，皆用以上承栱昂者。栱，《爾雅·釋宮》：「大者謂之栱」，爲類似弓形之短木，而介乎斗或升口之上者。

〔14〕 雕鸞——古「鸞」、「欒」通用。《禮·明堂位·鄭玄注》：「『欒』或爲『鸞』。」左思《吴都賦》：「雕鸞鏤楶」，按欒爲栱，楶爲枓之別稱，所謂「雕欒鏤楶」即雕琢斗栱之意。《揚州畫舫録》：「雕鑾匠之職」，即雕刻匠，故「雕欒」似亦通用。宋·李誠《營造法式》卷二《總釋下·彩畫》：「今以施之于縑素之類者，謂之『畫』；布彩于梁棟枓栱或素象什物之類者，謂之『裝鑾』。」今嘗見古建築之枓栱，有雕刻或布彩者，或二者兼之者。

〔15〕 鏤鼓——承接門扇下方轉動之處的石部件，稱爲「門枕」，木製者俗稱「門窩」，門枕後鑿成臼形，承接門扇，則鑿成豎槽，安放門檻，便于提放，前方突出于外，雕成鼓形以壯觀瞻。

〔16〕 木色——未加染色之木材本色。

〔17〕 委曲——即屈曲，含有轉折之意。

〔18〕 招摇——《史記·孔子世家》：「招摇市過之」，注：「招摇」，翱翔。

〔19〕 檻外行雲——意謂建築物之高，宋·趙師秀詩：「晚來虛檻外，秋近白雲飛。」

〔20〕 鏡中流水——「鏡中」作塘中解。宋·朱熹詩：「半畝方塘一鑑開，波光雲影共徘徊。」「鑑」，鏡也，謂池面波平如鏡。

〔21〕 瀛壺——爲仙人所居。《列子·湯問》：「渤海之東有壑焉，其中有山，一曰：『岱嶼』，二曰：『員嶠』，三曰：『方壺』，四曰：『瀛洲』，五曰：『蓬萊』，其山高下，周旋三萬里，仙聖之所往來」。

〔22〕 鑒——「鑒」與「鑑」通。《正字通》：「考古證今，成敗爲法戒者，皆曰鑑。」

〔23〕 堂占太史——《異苑》：「陳仲弓從諸子姪造荀季和父子，于是德星聚，太史奏：『五百里有賢人聚。』」《唐書·崔鄲傳》：「崔氏四世緦麻同爨，兄弟六人至三品，……居『光德里』，構便齋，宣宗題曰：『德星堂』。」「堂占太史」疑爲上述兩典並用。

〔24〕 草玄——亭名，爲漢代揚子雲草《太玄經》時所建。

〔25〕 雲藝——作陸雲的技藝解，詳見興造論注〔2〕。

〔26〕 般門——即班門，作魯班的門下解，詳見興造論注〔1〕。

（一）門樓

門上起樓，象城堞〔1〕有樓以壯觀〔2〕也。無樓亦呼之。

［釋文］

在大門上加起一層樓，這和城門上築樓以壯觀瞻一樣。但門上雖沒有樓，一般亦稱爲「門樓」。

［注釋］

〔1〕堞——是城上女牆。《左傳》襄公二十七年：「崔氏堞其宮而守之。」

〔2〕壯觀——猶言大觀。司馬相如《封禪文》：「皇皇哉斯事，此天下之壯觀，王者之卒業，不可貶也。」

（二）堂

古者之堂，自半已前，虚之爲堂。堂者，當[1]也。謂當正向陽之屋，以取堂堂[2]高顯之義。

［釋文］

古代的堂，常將前半間，空出作爲堂。所謂「堂」，就有「當」的意思；也就是說：應當是居中向陽之屋，取其「堂堂高大開敞」之意。

［注釋］

〔1〕 當——見屋宇注〔9〕。

〔2〕 堂堂——謂容貌之盛。《論語·子張》：「堂堂乎張也。」

（三）齋

齋較堂，惟氣藏而致斂〔1〕，有使人肅然齋敬〔2〕之義。蓋藏修密處〔3〕之地，故式不宜敞顯。

［釋文］

齋較之堂，其不同之處，取其聚氣而足以斂神，令人有肅然起敬之義。由于齋爲藏修密處之地，所以式樣不宜顯敞。

［注釋］

〔1〕斂——有收聚之意。《説文》：「斂，收也。」《爾雅·釋詁》：「斂，聚也。」

〔2〕肅然齋敬——有嚴肅庄敬之意。

〔3〕藏修密處——謂屏絶世慮，以隱修秘居之意。

（四）室

古云，自半已前〔1〕（後），實爲室。《尚書》〔2〕有「壤室」，《左傳》〔3〕有「窟室」，《文選》〔4〕載：「旋室〔5〕㛹娟以窈窕」指「曲室」也。

［釋文］

古人謂半屋以後，其實者爲「室」。《尚書》上有「壤室」，《左傳》上有「窟室」，《文選》上所載的「旋室㛹娟以窈窕」是指「曲室」而言。

［注釋］

〔1〕前——「前」當作「後」。《說文解字·繫傳》：「古者有堂，自半已前，虛之謂之『堂』，半已後，實之爲『室』。」釋文按《說文解字》改正，以「後」字解。

〔2〕《尚書》——書名，載有上古典謨訓誥之文，實爲我國最古之史。「壤室」猶言「土室」。《孔叢子》：「作壤室而編蓬茅」。

〔3〕《左傳》——書名，春秋時代左丘明所撰。「窟室」：掘地爲室之意。《左傳》：「鄭伯有爲『窟室』，而夜飲酒擊鍾焉。」

〔4〕《文選》——書名，爲南朝·梁昭明太子蕭統選録秦、漢、三國及齊、梁之詩文而成。唐代李善注。

〔5〕 旋室——《文選》漢·王文秀（延壽）《魯靈光殿賦》：「旋室㛹娟以窈窕」即指此。

（五）房

《釋名》〔1〕云：房者，防也。防密〔2〕內外以爲寢闥〔3〕也。

［釋文］

《釋名》上說：「房」有「防」的意義。它的作用在于有所隱蔽而分內外，以爲就寢之所。

［注釋］

〔1〕 《釋名》——書名。漢·劉熙撰，爲稱名辨物之作。《太平御覽》：「房：《釋名》曰：『房，旁也，室之兩旁也。』」與原書不同。《說文解字注林》段玉裁注：「凡室之內，中爲『正室』，左右爲『房』」。

〔2〕 防密——猶言保持或隱蔽之意。

〔3〕 寢闥——猶言臥室的門，借此可以分別內外之意。

（六）館

散寄〔1〕之居，曰「館」，可以通別居者。今書房亦稱「館」，客舍〔2〕爲「假館」〔3〕。

［釋文］

暫時寄居的地方，叫做「館」，亦可通作另一個住所解。現在的書房，也稱爲「館」；客舍則稱爲「假館」。

［注釋］

〔1〕散寄——猶言流動的居所。「寄居」、「寄廬」，都是供羈旅者的寓所。

〔2〕客舍——過客所居的逆旅。即近代所稱的旅館、旅舍。唐·王維《送元二使安西》：「客舍青青柳色新。」

〔3〕假館——爲臨時借居之所。《孟子·告子下》：「交得且于鄒君，可以假館，願留而受業于門。」蘇軾詩：「歸田計已決，此邦聊假館。」

（七）樓

《說文》〔1〕云：「重屋曰『樓』。」《爾雅》云：「俠〔2〕而修曲爲『樓』。」言窗牖虛開，諸孔慺慺然〔3〕也。造式，如堂高一層者是也。

［釋文］

《說文》上說：「重疊的屋子，叫作『樓』。」《爾雅》上說：「狹而長曲的叫『樓』。」就是說：窗戶洞開，許多窗孔，整齊地排列。結構形式，和堂相似，比堂高出一層。

［注釋］

〔1〕《說文》——書名，即《說文解字》，爲漢·許愼所撰的釋字之書。

〔2〕俠——與狹同，隘也。

〔3〕慺慺然——《說文》：慺，恭謹貌，即謹飭之謂。「諸孔慺慺然」，就是說許多窗孔整齊的意思。

（八）臺

《釋名》云：「臺者，持〔1〕也。言築土堅高，能自勝持〔2〕也。」園林之臺，或掇石而高上平者；或木架高而版平無屋者；或樓閣前出一步而敞者，俱爲臺。

［釋文］

《釋名》上説：「臺是保持的意思。就是説築土要高而堅，使它能够保持自己。」大凡庭園中的臺，或叠石很高，而上面平坦；或用木架支高，而上鋪平板無屋；或是在樓閣前伸出一步而開敞的；都叫作「臺」。

［注釋］

〔1〕持——有扶助之意，如言「匡持」。

〔2〕能自勝持——猶言能自保持，而不致崩坍之意。蓋臺上雖尚虛敞，但其結構，必求穩重，以供衆人登臨之用。

（九）閣

閣者，四阿〔1〕開四牖。漢有麒麟閣〔2〕，唐有凌烟閣〔3〕等，皆是式。

［釋文］

閣，是四坡頂而四面皆開窗的建築物。漢朝有麒麟閣，唐代有凌烟閣等，這都是閣的表式。

［注釋］

〔1〕四阿——廡殿式屋頂古稱「四阿」，即現代通稱的「四坡頂」或「四流水頂」。《周禮·考工記》匠人：「四阿重屋」注：「四阿者今四注屋。」疏：「四阿，四霤者也。」又：「曲處曰阿。」「阿，屋曲簷也。」「宫廟四下曰阿。」日本稱四角亭曰「四阿」。

〔2〕麒麟閣——漢武帝爲圖畫功臣十一人而建。

〔3〕凌烟閣——唐太宗倣漢代圖畫功臣所建之閣。

（十）亭

《釋名》云：「亭者，停也。所以停憩遊行〔1〕也。」司空圖〔2〕有休休亭，本此義。造式無定，自三角、四角、五角、梅花、六角、橫圭、八角至十字〔3〕，隨意合宜則製，惟地圖〔4〕可略式也。

［釋文］

《釋名》上說：「亭是停止的意思，是供人停下集合的地方。」唐代司空圖有「休休亭」，它的取名就是引用這個意義。它的造式無定格：自三角、四角、五角、梅花、六角、橫圭、八角，以至十字形，都隨自己的意思，並適應地形來建築。只要有平面圖，就能夠約略表示出來。

［注釋］

〔1〕 集——集合之意。

〔2〕 司空圖——唐人，字表聖。景福中，隱居中條山王官谷，不仕。曾作亭，圖畫唐興節士、文人，名曰「休休」。

〔3〕三角、四角、五角、六角、八角、十字——都是築亭的平面圖式，梅花則爲五瓣形。橫圭，按「圭」爲古時一種玉器，上圓（或劍頭形）下方。橫圭則爲橫的上圓下方的圭形。

〔4〕地圖——即平面圖，爲建築物興工的藍圖。見下文解和圖式。

（十二）榭

《釋名》云：「榭者，藉〔1〕也。藉景而成者也。」或水邊，或花畔，制〔2〕亦隨態。

［釋文］

《釋名》上說：「榭字含有憑藉的意義，憑藉風景而構成的。」或在水邊，或在花旁，形式靈活多變。

［注釋］

〔1〕藉——作借或助解，亦有依靠之意。《孟子》：「助者，借也」。

〔2〕 制——原本作「製」，按明版本改正。

（十二）軒

軒式類車，取軒軒欲舉〔1〕之意。宜置高敞，以助勝〔2〕則稱。

［釋文］

軒的樣式，類似古代的車子，取其空敞而又居高之意（車子前面坐駕駛員的部位較高，名叫「車軒」）。要建築于高曠的部位，以能增進景物，便爲相稱。

［注釋］

〔1〕 軒軒欲舉——虛敞而又高舉之意。《酉陽雜俎》：「明皇召李白于便殿，神氣高朗，軒軒欲霞舉。」車軒，即車前高處，可資凭望之所。《後漢書·馬援傳》：「夫居前不能令人輊，居後不能令人軒。」

〔2〕 助勝——助有「有助」之意，勝爲「勝跡」，「景物」之意。

（十三）卷

卷〔1〕者，廳堂前欲寬展，所以添設也。或小室欲異人字〔2〕，亦爲斯式。惟四角亭及軒可並之。

［釋文］

卷，爲欲使廳堂前得以寬暢而添設的部分。或想將所建小室，不同于一般的人字形屋架，也用這種式樣。祇有四角亭和軒兩種樣式，可以並用。

［注釋］

〔1〕卷——爲前軒梁上的弧形木頂棚，兩頭彎下，中間高平無脊，故名曰「卷」，也稱「捲棚」。蘇南稱「翻軒」。其形式視弧形的軒椽彎度而定。有「鶴頭軒」、「海棠軒」等。

〔2〕異人字——是指不同于人字形屋頂而言。

（十四）广

古云：因巖爲屋曰「广」〔1〕，蓋借巖成勢〔2〕，不成完屋者爲「广」。

［釋文］

古人説：靠山所造的房子稱之爲「广」，凡這種借用山的一面所構成半面而不完整的房子，都叫做「广」。

［注釋］

〔1〕广——見興造論注〔9〕。

〔2〕借巖成勢——猶言利用山的形勢，而作爲天然的牆壁。今半面的屋子，一般通稱爲「广（披）間」。

（十五）廊

廊者，廡〔1〕出一步也，宜曲宜長則勝。古之曲廊，俱曲尺〔2〕曲。今予所構曲廊，之字曲〔3〕者，隨形而彎，依勢而曲。或蟠山腰，或窮水際，通花渡壑，蜿蜒無盡，斯寤園〔4〕之「篆雲」也。予見潤〔5〕之甘露寺數間高下廊，傳説魯班〔6〕所造。

［釋文］

廊是從廡走前一步的建築物。要建得彎曲而且長。古代曲廊，都像曲尺的彎曲。現在我所建造的曲廊，是呈「之」字形的彎曲，隨着地形轉彎，順着地勢曲折。或者盤繞山半腰，或者沿着水邊，通過花叢，渡過溪壑，無限的曲折，當年寤園的「篆雲廊」就是採取這種式樣。又我所見鎮江甘露寺的高下廊數間，傳説是由魯班建築的。

［注釋］

〔1〕廡——《漢書》：「覆以屋廡。」及「所賜金陳廊廡下。」故廊、廡有區别。《夢溪補筆談》：「今人多稱廊廡爲廡。按《廣雅》：『堂下曰廡』，蓋堂下屋簷所覆處，故曰：『立于廡下』，廊簷之下，亦得謂之

『廡』，但廡非廊耳！」按蘇州造園建築，廡與堂爲一體，屬于堂之外部。一般五架梁或七架梁的堂，其窗槅外的一架捲棚，就是廡，有的僅有前廡，有的前後四周皆有，廊則多與廡連接，通達他處，結構不與堂爲一體，長短高低，隨地勢需要而定。

〔2〕曲尺——縱長橫短，于橫木上刻分寸，爲木工求直角時所用的一種工具。

〔3〕之字曲——謂曲形像「之」字者。

〔4〕寤園——在儀徵縣，見阮大鋮序本書的《冶叙》。「篆雲」，廊名，即寤園所建，其形象似「篆雲」者。

〔5〕潤——是潤州，今江蘇省鎮江市。甘露寺，在鎮江城外北固山，相傳爲三國時吳國孫權之孫孫皓所建。

〔6〕魯班——見興造論注〔1〕。

（十六）五架梁

五架梁，乃廳堂中過梁〔1〕也。如前後各添一架，合七架梁列架式。如前添卷，必須草架而軒敞。不然前簷深下，内黑暗者，斯故也。如欲寬展，前再添一廊。又小五架梁，亭、榭、書房〔2〕可構。將後童柱〔3〕換長柱，可裝屏門，有別前後，或添廊亦可。

［釋文］

五架梁，乃是廳堂中的過梁。如在它前後各添上一架，就合成七架梁的列架式了。假使在它前面添一卷，必須上施草架，纔能顯得高敞。不這樣做，前簷一定深而低，裏面光線黑暗，就是由于這個緣故。假使要想房子寬暢，可在前面再添一廊。又小五架梁，適用于構成亭、榭或書房。如將童柱換上長柱，可以裝上屏門，分別前後；或在前面添上走廊也可。

［注釋］

〔1〕　過梁——亦稱「柁（駝）梁」。每架梁以童柱支于柁（駝）梁之上，減少了建築物内部空間的柱數，而使房屋寬敞，一般廳堂皆用過梁。惟過梁因荷重較大，須用巨材，始能勝任。

〔2〕　書房——原本作「書樓」，疑爲「書房」之誤。

〔3〕　童柱——是支于柁梁上的短柱。

（十七） 七架梁

七架梁，凡屋之列架也，如廳堂列添卷，亦用草架。前後再添一架，斯九架列之活法〔1〕。如造樓閣，先算上下簷數，然後取柱料〔2〕長，許〔3〕中加替木〔4〕。

［釋文］

七架梁，就是普通屋子的列架式。如在廳堂前列添上卷，也要用草架。再在它的前後各添上一架，這就可能成爲九架梁的活用法。如果建造樓閣，先要計算上下簷高多少，而後估計用多長的材料來做柱子，在中間可以加上替木。

［注釋］

〔1〕 活法——靈活的方法。例如上七架梁，可作成九架梁，也可不作成九架梁。

〔2〕 料——有料想及估計之意。《國語》：「料民于太原。」取柱料長，猶言用柱估計其長度足够之意。

〔3〕 許——有容許及可能之意。

〔4〕 替木——柱上加一横短木，以承托上面構材者。

（十八）九架梁

九架梁屋，巧于裝折〔1〕，連四、五、六間〔2〕，可以面東、西、南、北〔3〕。或隔三間、兩間、一間、半間，前後分爲。須用復水〔4〕重椽〔5〕，觀之不知其所。或嵌樓于上，斯巧妙處不能盡式，祇可相機而用〔6〕，非拘一者。

［釋文］

造九架梁的屋子，要巧于裝修，既可四、五、六間接連（按指進身而言）；又可以向東、西、南、北的四方（按指九架梁五柱式而言）。或隔三間、兩間、一間、半間，前後間隔分開。造時要用復水重椽，使人看不出安裝痕跡。或于其上加建樓房，這種巧妙之處，不能盡用圖樣表示，祇須相機而行，不必限于一種式樣。

［注釋］

〔1〕裝折——「裝配折叠」即「裝修」之謂，今蘇州人讀作「裝折」，江浙等地通稱「裝修」。

〔2〕連四、五、六間——指進身方面的間。

〔3〕可以面東、西、南、北——卽後文所列《九架梁五柱式》「向東、西、南、北之活法」及《七架醬架式》「朝南北，屋傍可朝東西之法」。

〔4〕復水——椽名，卽梁上的下一層椽木，其上施有草架者。見下文和圖式。

〔5〕重椽——用復水椽草架後，因屋頂尚有一層椽，故名「復水重椽」。見下文和圖式。

〔6〕相機而用——猶言看情況而行事。

（十九）草架

草架，乃廳堂之必用者。凡屋添卷，用天溝〔1〕，且費事不耐久，故以草架表裡整齊。向前爲廳，向後爲樓，斯草架之妙用也，不可不知。

［釋文］

草架爲建築廳堂所必用的一種結構，一般屋前添卷，應用天溝，這樣既費事，又不耐久，所以用草架則內外平整齊一。向前推建，就成爲廳，向後伸築，就成爲樓，這就是草架的妙用，不可不知。

［注釋］

〔1〕天溝——凡兩屋聯建，在其滴水交流之處，用天溝瓦砌成溝形，便于出水，謂之「天溝」。

（二十）重椽

重椽，草架上椽也，乃屋中假屋〔1〕也。凡屋隔分不仰頂〔2〕，用重椽〔3〕復水可觀。惟廊構連屋，構倚牆一披而下，斷不可少斯。

［釋文］

重椽就是草架上所用的椽子，是屋中的假屋。大凡屋的分隔，不設仰塵，而用重椽復水比較好看。凡有廊屋相連，或是建造靠牆的广（一披而下），都斷不可少它。

[注釋]

〔1〕假屋——因草架而成之屋謂之「假屋」。

〔2〕仰頂——在屋內看到屋頂之意。

〔3〕復水、重椽——見屋宇．九架梁注〔4〕、〔5〕。

（二十一）磨角

磨角〔1〕，如殿閣擸角〔2〕也。閣四敞〔3〕及諸亭決用。如亭之三角至八角，各有磨法，盡不能式，是自得一番機構〔4〕。如廳堂前添廊，亦可磨角，當量宜。

[釋文]

磨角和殿角的折角相同，閣四面敞開以及各式的亭子，都必須用它。亭子三角至八角形，折角的方式，各有不同，不便一一列舉，這要通過自己一番的構思。如在廳堂前增設走廊，也可以磨角，應該因地制宜（按廊都是平出，但也可以折角，這種廊，稱爲「花廈」）。

［注釋］

〔1〕磨角——磨角與擸角相同。《集韻》：「擸，折也。」磨角疑就是亭閣之屋角折轉而上翹，即今日通稱的「翹角」及「翼角」。

〔2〕擸角——即轉角之意。

〔3〕四敞——中國建築一般採用木框架，故閣和亭子都可以廢除立壁，而使四面敞開。

〔4〕機構——（1）機巧或構思之意。（2）可釋作：「另作一種的結構。」關于閣和亭的結構，係指抹角梁和柱子的安排而言。

（二十二）地圖

凡匠作〔1〕，止能式屋列圖〔2〕，式地圖〔3〕者鮮矣。夫地圖者，主匠之合見也。假如一宅基，欲造幾進，先以地圖式之。其進幾間，用幾柱着地，然後式之，列圖如屋。欲造巧妙，先以斯法，以便爲也。

［釋文］

大凡工匠，祇能畫房屋的屋列架圖，很少能製成平面圖的。要知道平面圖是體現了設計師和匠人的統一意見。假如一所宅基地上，想造幾進，可先繪成平面圖樣；決定一進幾間，用幾根柱子着地，然後畫出和房屋一樣的圖樣來。欲求構造精巧，必先應用此法，以便施工。

［注釋］

〔1〕匠作——原本爲「瓦作」，按明版本改正。

〔2〕式屋列圖——卽畫房屋的列架圖，相當于現在的横剖面圖。

〔3〕地圖——就是施工以前的平面圖，亦稱「地盤圖」，卽今日所謂設計圖中之一種。

五架過梁式（圖一—一）

前或添卷〔1〕，後添架〔2〕，合成七架列。

［釋文］

五架梁在前面添上卷，後面再添一架梁，就合成爲七架梁的列架式。

［注釋］

〔1〕卷——見屋宇·（一三）卷注〔1〕。

〔2〕架——房屋上每一根梁稱之爲「一架」，五根梁爲「五架梁」，七根梁爲「七架梁」，九根梁爲「九架梁」。《營造法原》：「七架梁」作「七界梁」。梁亦稱「桁」或「桁條」、「檁」。兩梁之間的水平距離稱之爲「步架」。《營造法原》稱之爲「界」或「步」。

圖一一一 五架過梁式

圖一一一

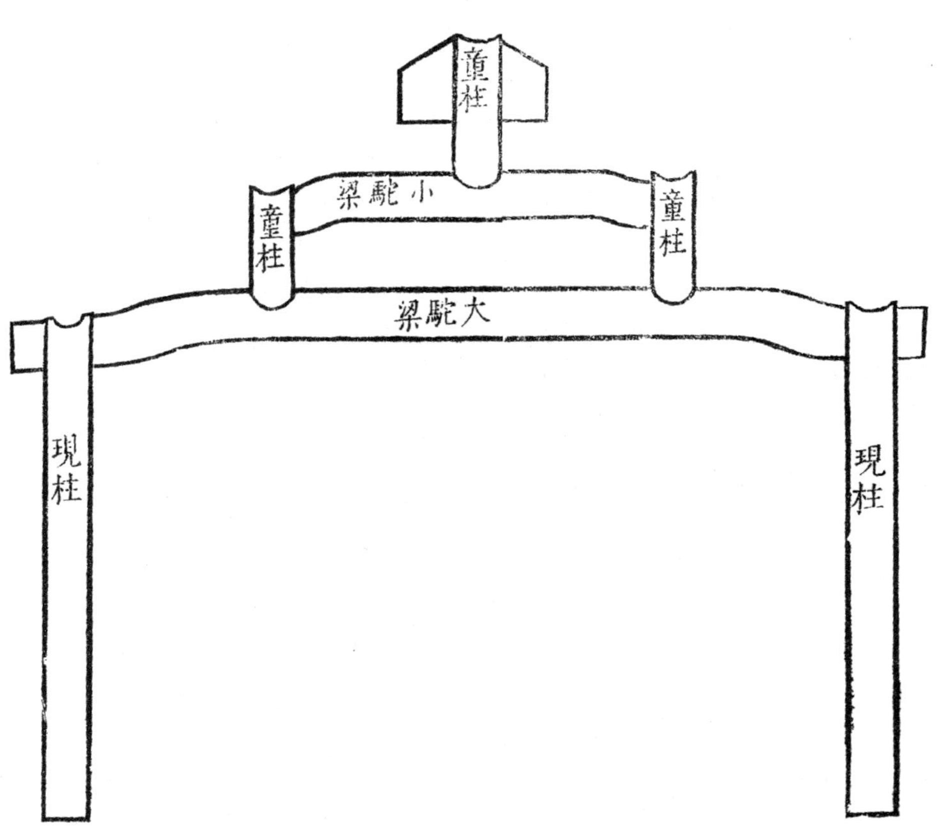

草架式（圖一一二）

惟廳堂前添卷，須用草架，前再加之步廊[1]，可以磨角[2]。

［釋文］

祇有在廳堂前添卷，必須用草架，前面再加上走廊，可以磨角。

［注釋］

〔1〕步廊——即走廊。

〔2〕磨角——見屋宇·（二一）磨角注〔1〕。

圖一一二 草架式

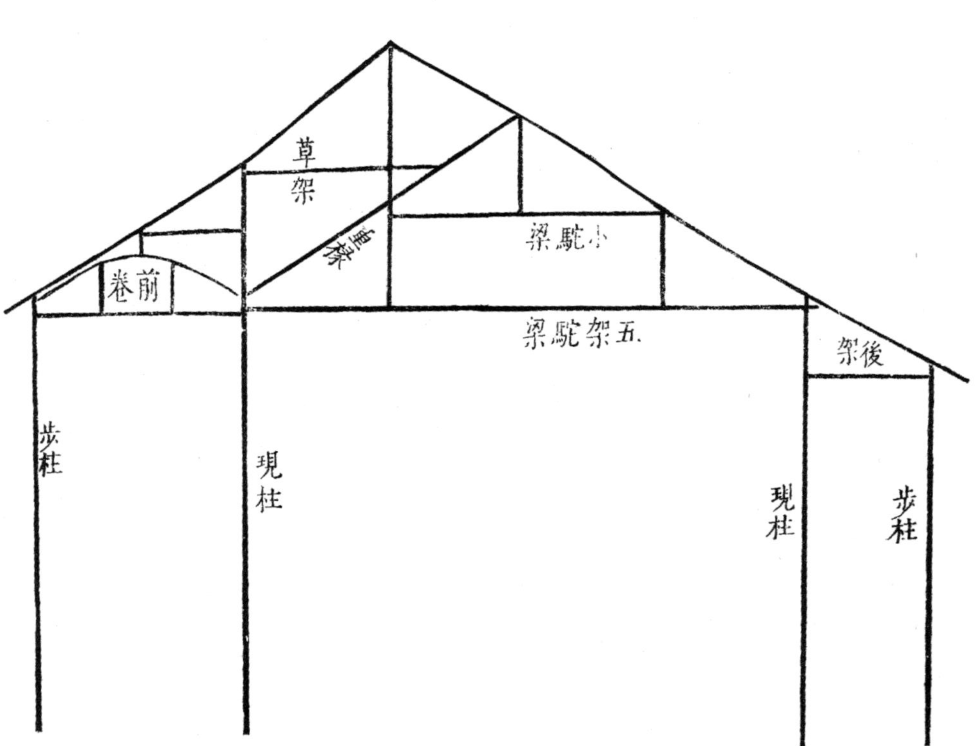

圖一一二

七架列式（圖一一三）

凡屋以七架爲率。

〔釋文〕

普通的房屋，都以七架梁式爲標準。

七架酱架式（圖一一四）

不用脊柱〔1〕，便于掛畫〔2〕，或朝南北，屋傍可朝東西之法。

〔釋文〕

不用中脊柱，以便張掛字畫，這也是正面朝南、北，側面可朝東、西的方法（疑指山牆開側門而言）。

〔注釋〕

〔1〕脊柱——爲屋的中柱，即柱在屋中，猶脊骨在人身之中。

〔2〕掛畫——張掛字畫。

圖一一三 七架列式
圖一一四 七架醬架式

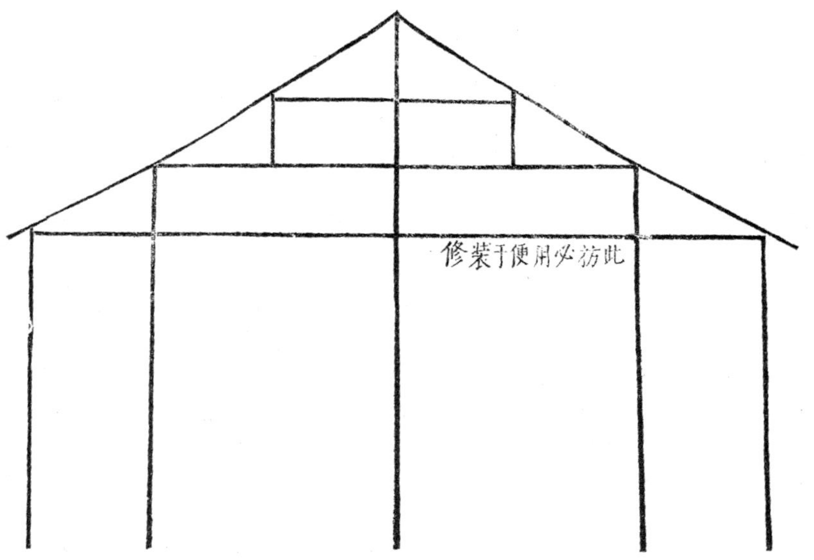

圖一一三

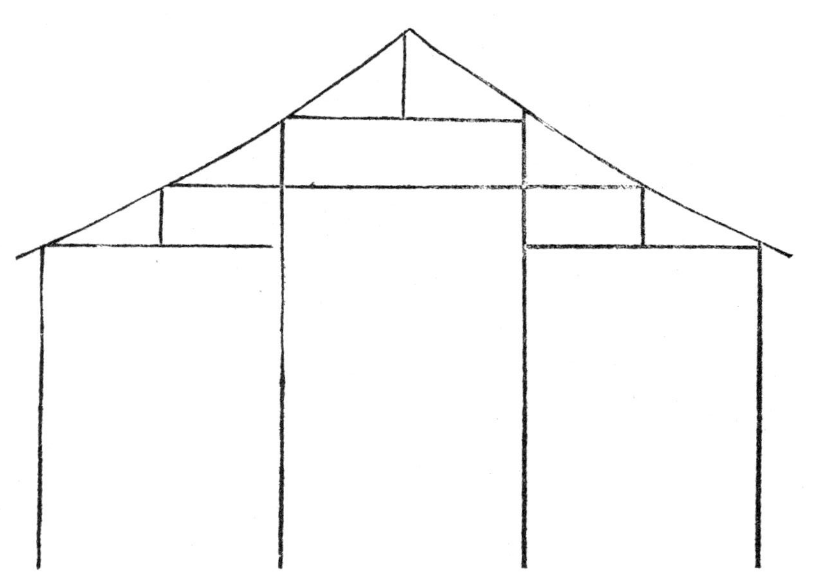
圖一一四

九架梁五柱式（圖一一五）

此屋宜多間，隨便隔間，復水〔1〕或向東、西、南、北之活法〔2〕。

［釋文］

這種屋子，宜于多隔開間，可用復水重椽隨便隔開，或任向東、西、南、北的活用方法。

［注釋］

〔1〕 復水——見屋宇·（一八）九架梁注〔4〕。

〔2〕 活法——見屋宇·（一七）七架梁注〔1〕。

圖一一五　九架梁五柱式

圖一一五

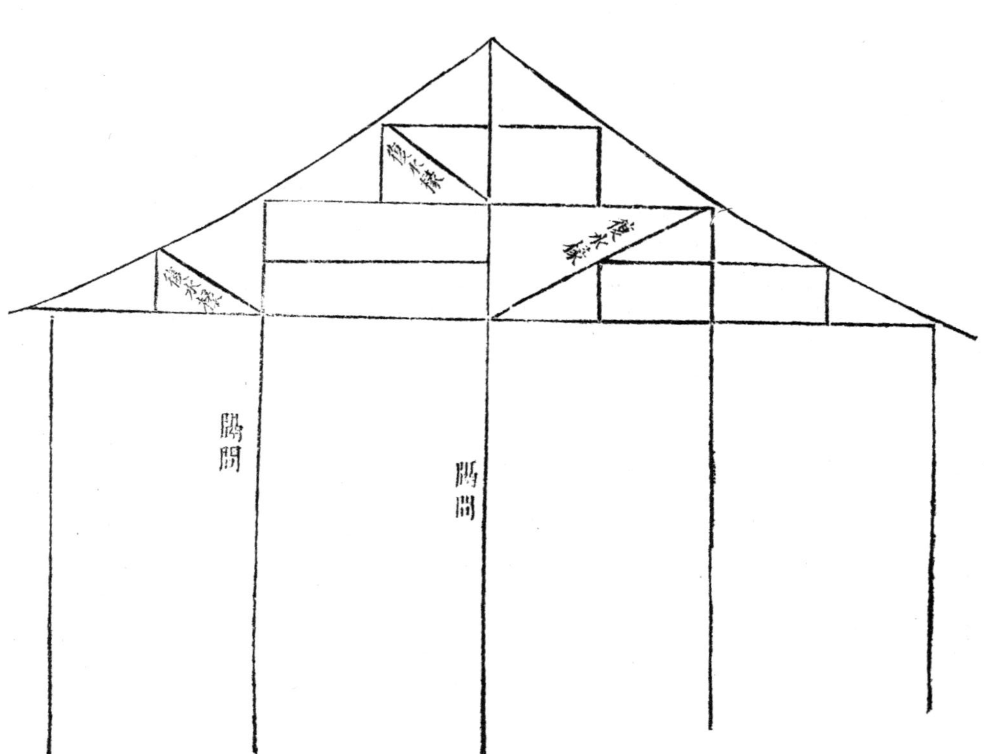

圖一一六

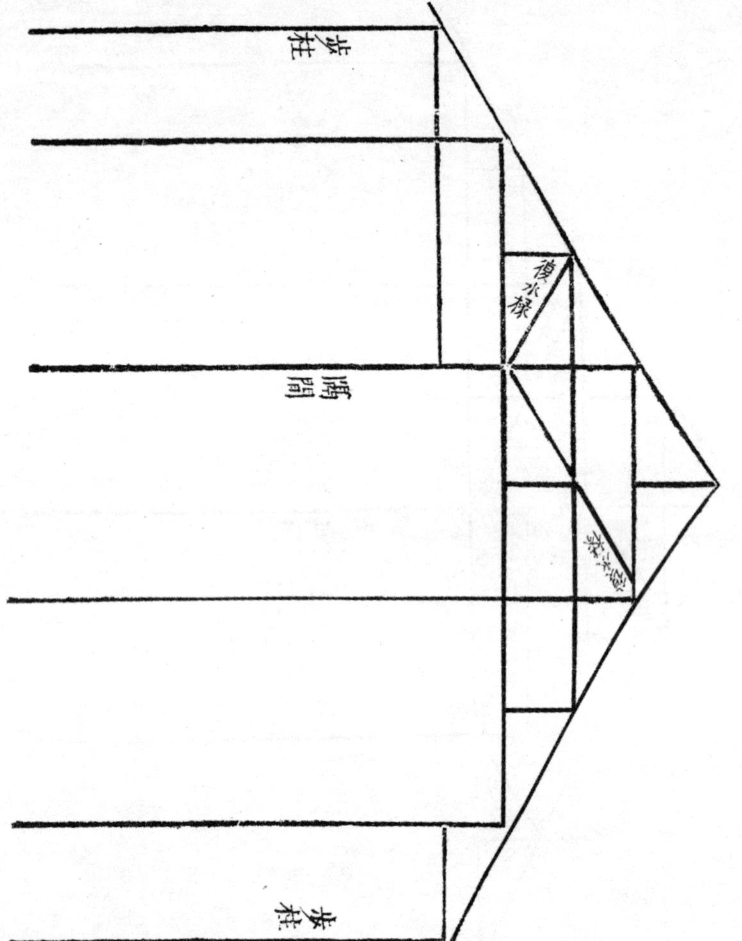

九架梁六柱式（圖一一六）

圖一一七 九架梁前後卷式

圖一一七

九架梁前後卷式（圖一一七）

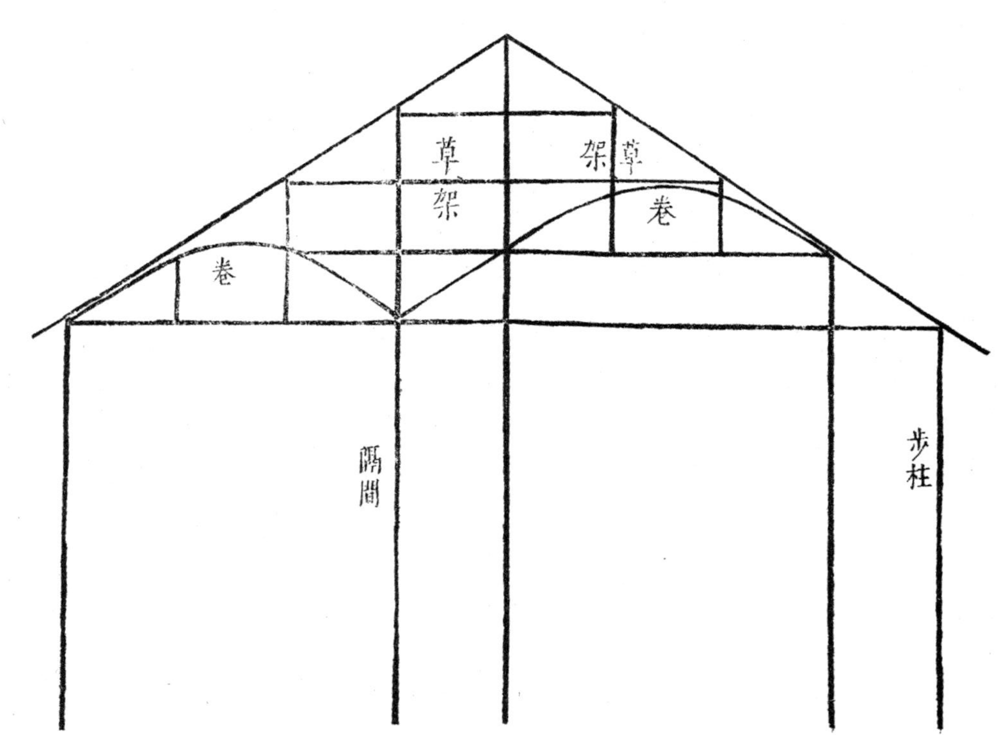

小五架梁式（圖一一八）

凡造書房、小齋或亭，此式可分前後。

［釋文］

凡造書房、小齋或亭子，宜用此式，這種式樣可以分爲前後間。

圖一一八　小五架梁式

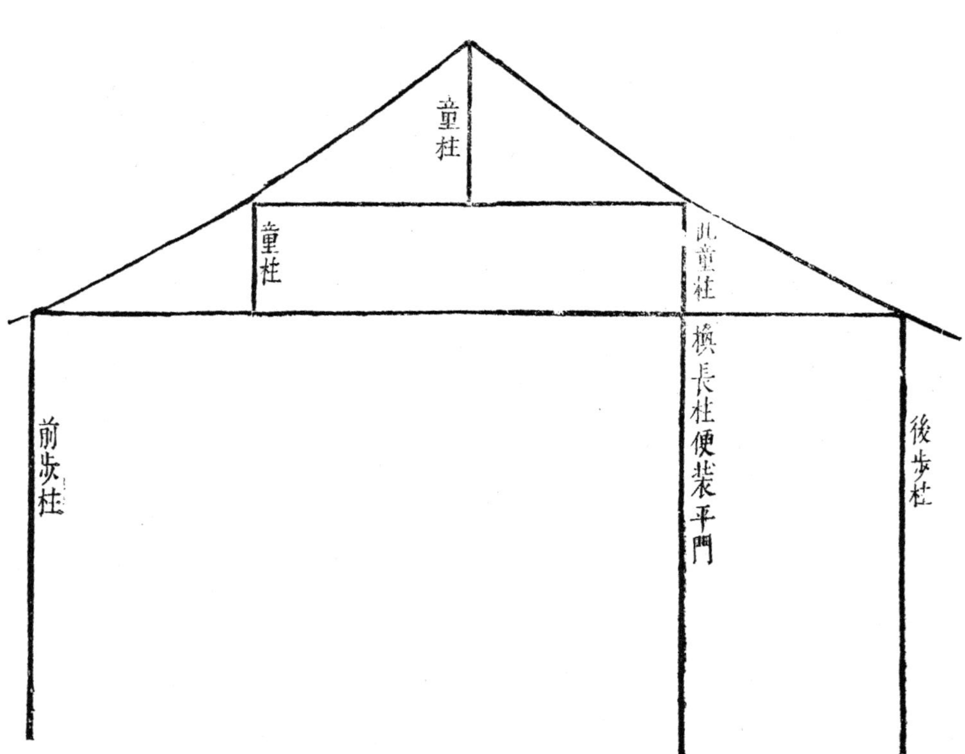

圖一一八

地圖式（圖一—九）

凡興造，必先式斯。偷柱〔1〕定磉〔2〕，量基廣狹，次式列圖〔3〕。凡廳堂中一間宜大，傍間宜小，不可匀造。

［釋文］

大凡建造房屋，必須先繪此平面圖。省柱定磉，要看地基的寬窄，然後再繪成屋列圖。大凡建廳堂，其正中一間要大，傍間較小，不可平均一樣。

［注釋］

〔1〕偷柱——可作省却或減少某根柱子解釋。
〔2〕磉——爲柱下石，今通稱爲「柱磉」，俗稱「磉基」或「磉基石」。
〔3〕列圖——又名「屋列圖」，卽畫房屋的列架圖，相當于現在的横剖面圖。

圖一一九　地圖式

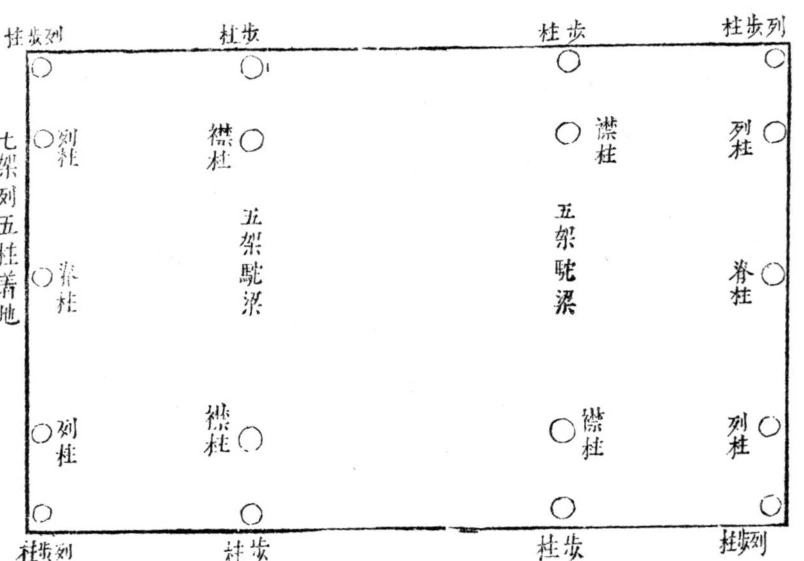

圖一一九

梅花亭地圖式（圖一一十）

先以石砌成梅花基，立柱于瓣，結頂合簷〔一〕，亦如梅花也。

［釋文］

這種式樣，要先用石把屋基砌成梅花形，再把柱子安在花瓣之上，一直到結頂合簷，也如梅花式樣一樣。

［注釋］

〔一〕結頂合簷——結合而成亭頂和簷口。

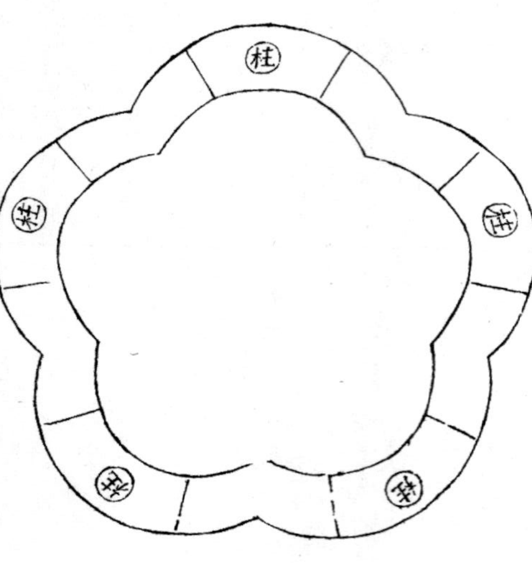

圖一一十

圖一一十一

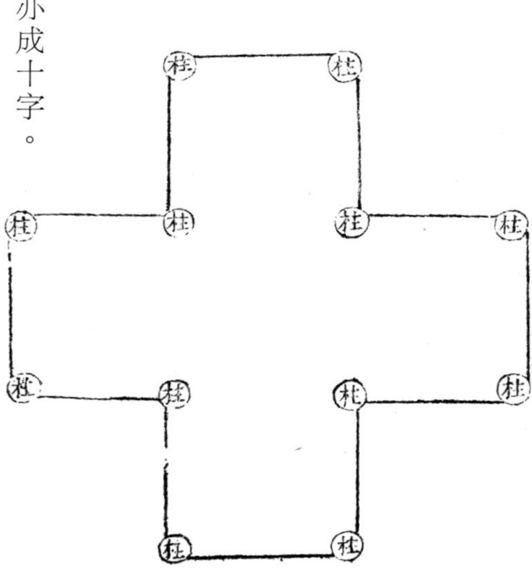

十字亭地圖式（圖一一十一）

十二柱四分〔1〕而立，頂結方尖〔2〕，週簷〔3〕亦成十字。

［釋文］

先把十二根柱子照四等分立定，到頂結合，形成方尖形，四周屋簷也成十字形。

［注釋］

〔1〕 四分——作四等分解。

〔2〕 尖——謂建屋收頂，構成尖形之意。卽今所謂「攢尖頂」。

〔3〕 週簷——四周屋簷。

諸亭不式，惟梅花、十字，自古未造者，故式之地圖，聊識〔一〕其意可也。斯二亭，祇可蓋草。

〔釋文〕

其餘亭樣不另分别列式，惟有梅花和十字形，自古以來，没有造過，故繪成平面圖，略示大意。但以上二種亭子，祇可蓋草頂。

〔注釋〕

〔一〕識——與誌同，作「記」解。《論語》：「小子識之。」亦有説明之意。

四裝折

凡造作難于裝修〔1〕，惟園屋異乎家宅，曲折有條〔2〕，端方非額〔3〕。如端方中須尋曲折，到曲折處還定端方，相間〔4〕得宜，錯綜〔5〕爲妙。裝壁應爲排比〔6〕，安門分出來由〔7〕。假如全房數間，内中隔開可矣。定存後步一架，餘外〔8〕添設何哉？便徑他居，復成別館〔9〕。磚牆留夾，可通不斷之房廊；板壁常空，隱出別壺之天地〔10〕。亭臺影罅〔11〕，樓閣虛鄰。絶處猶開，低方忽上。樓梯僅乎室側，臺級藉矣山阿。門扇豈異尋常，窗欞遵時各式。掩宜合線〔12〕，嵌不窺絲〔13〕。落步欄杆〔14〕，長廊猶勝；半牆床槅〔15〕，是室皆然。古以菱花〔16〕爲巧，今之柳葉〔17〕生奇。加之明瓦〔18〕斯堅，外護風窗〔19〕覺密。半樓半屋，依替木〔20〕不妨一色天花〔21〕；藏房藏閣〔22〕，靠虛簷無礙半彎月牖。借架高簷，須知下卷。出幙〔23〕若分別院；連牆儗越深齋。構合時宜，式徵清賞。

［釋文］

大凡建造房屋，難在裝修工程，而園中房屋更不同于一般住宅，要在曲折變化之中具有條理，整齊倒不是一定的制度。如在整齊劃一之中要找出曲折變化，到了曲折變化之處，仍然保持整齊劃一，分隔運用得宜，穿插安排恰當。隔板應注意對稱，安門要分別去來。假如整幢房屋分為幾間，從裏邊隔開便可。為什麼後步一架必須保留，而其他的設施就可有可無呢？因為由後步一架出去，可以從小徑通往他處，又是一座館舍。磚牆需留夾巷，可以連接房廊；板壁酌開空窗，隱見別院風光。亭臺向隙處投影，樓閣與空地為鄰。貌似盡頭，又開別境；行到低處，忽轉高方。樓梯祇裝屋側，臺階可借山坡。開扇不異于一般，窗欞必須用時式。關閉時當密而合縫，拼鑲處要不漏絲毫。踏步旁安欄杆，在長廊就更好；半墻上裝窗槅，凡房間都合宜。古來以菱花式為巧，如今以柳葉式稱奇。加上明瓦，便可堅牢，護以風窗，更覺嚴密。半樓半屋的建築，齊替木不妨裝上一色的天花板；密房密閣的屋宇，靠虛簷檻可半彎的月樣窗。房架借用高簷，必須知添下卷。帷幕隔開，如分別院；墻壁連接，似過深房。總的說來，構造要合乎時宜，式樣應令人雅賞。

［注釋］

〔1〕裝修——亦稱「裝折」，如簷下掛落及門窗等屬之。

〔2〕有條——有條理或系統之意。《書》：「有條而不紊」。

〔3〕 額——有定數及制度之意。

〔4〕 相間——指房屋的間隔而言。

〔5〕 錯綜——有交錯總聚之意。《易經》：「參伍以變，錯綜其數。」

〔6〕 排比——對稱或排偶之意。《唐會要》：「褚無量、馬懷素侍宴，上曰：『篇卷錯亂，朕爲排比。』」

〔7〕 來由——作來踪去跡，卽出入之意。白居易詩：「續教啼鳥説來由」。

〔8〕 餘外——作另外或額外解。凡事不在計劃之内者，統稱「餘外」。

〔9〕 別館——見相地注〔8〕。

〔10〕 別壺之天地——作別境乾坤或另一境界解。《後漢書》：「費長房者，汝南人也，爲市椽，有老翁賣藥懸壺于肆頭，及市罷，常跳入壺中，市人莫視，惟長房于樓上睹之，異焉，因往再拜，乃與俱入壺中，唯見玉堂嚴麗，旨酒甘肴，盈衍其中，共飲畢乃出，乃就樓上候長房曰：『我神仙之人，以過見責，今事畢當去。』」

〔11〕 亭臺影罅——亭臺從空處而入眼簾，具借景之意。

〔12〕 合線——謂掩門合縫而無漏隙之意。

〔13〕 不窺絲——謂拼鑲緊密，使之不見絲縫之意。縫之小者，俗稱「絲縫」，大者稱「裂縫」。

〔14〕 落步欄杆——踏步旁裝上欄杆，用供扶手、裝飾。

〔15〕 半牆戻槅——半截子牆上設置窗槅，藉以通風透光。「戻」是「户」的古體字。

〔16〕 菱花——窗格似菱花形式（見下圖樣）。

〔17〕 柳葉——窗格作柳葉的形式（同見圖樣）。

〔18〕 明瓦——將蠣殼磨薄成半透明體，夾以篾片，裝于窗上，用以透明。自有玻璃後，以玻璃代之。其嵌于屋面者，亦稱「明瓦」。

〔19〕 風窗——卽窗外的護窗，見下文釋。

〔20〕 替木——見屋宇·七架梁注〔4〕。

〔21〕 天花——卽天花板。凡屋内棟梁之下，以薄板或灰條而仰承之者，謂之「承塵」或「仰塵」。

〔22〕藏房藏閣——猶言隱藏的房或閣，亦即「密房」、「密閣」。

〔23〕幙——即幕，作布帳解，亦稱「布簾」。房中隔間不用木板而用布簾者，謂之「幙」。古代軍中張帳幙以居，因謂之「幕府」。

（一）屏門

堂中如屏列而平者，古者可一面用，今遵爲兩面用，斯謂「鼓兒門」〔1〕也。

［釋文］

屏門就是像屏風一般平整地排列在堂中的。古時屏門僅可供一面用，現在按照兩面用的方式來設置，這叫做「鼓兒門」。

［注釋］

〔1〕鼓兒門——屏門的一種名稱。以兩面夾板，似鼓之有兩面也。蓋內外觀看皆能一致。

（二） 仰塵

仰塵〔1〕即古天花版也。多于棋盤方空畫禽卉者類俗。一概平仰爲佳，或畫木紋〔2〕，或錦〔3〕，或糊紙〔4〕，惟樓下不可少。

［釋文］

仰塵就是古代的天花板，多在棋盤方格中畫上禽鳥、花卉，近于庸俗。最好全部平面上仰，或者畫上木材的紋理，或用錦裱，或用紙糊，在樓下絕不可少。

［注釋］

〔1〕仰塵——《事物紺珠》：「應施于上，俗名仰塵，伊尹制。」（見《格致鏡原》）《釋名》：「施于上，以承塵土也。」

〔2〕木紋——指木材的紋理而言。

〔3〕錦——以錦裝裱之意。

〔4〕糊紙——以花紙裱糊之意。

（三）戻槅

古之戻〔1〕槅，多于方眼而菱花者，後人減〔2〕爲柳條槅，俗呼「不了窗」〔3〕也。茲式從雅，予將斯增減數式，内有花紋各異，亦遵雅致，故不脱柳條式。或有將欄杆竪爲戻槅，斯一不密〔4〕，亦無可玩〔5〕，如欞空〔6〕僅闊寸許爲佳，猶闊類欄杆、風窗〔7〕者去之，故式于後。

［釋文］

古代户槅，多在方眼内作成菱花形，後人則簡化爲柳條式的槅，俗稱「不了窗」的就是。這種式樣，是從雅致着想，我把它酌量增減，成爲幾種式樣，内中的花紋雖各不相同，也以雅致爲原則，所以也離不了柳條式。有人把欄杆竪起來做户槅，這樣不僅稀疏，且亦無可欣賞，欞間的空格以寬僅一寸左右者爲佳，再寬而似欄杆或風窗者，我所不取，因將式樣列後。

［注釋］

〔1〕　戻——《集韻》：「户，古作戻。」《説文》：「户，護也，半門曰户，象形。」按：《一切經音義》云：「一

扇曰『户』，兩扇曰『門』，又在于堂室曰『户』，在于宅區或曰『門』。」

〔2〕減——有減省、簡化之意。

〔3〕不了窗——爲窗子式樣的名稱。

〔4〕不密——作稀疏解，即間隔較大之意。

〔5〕玩——作欣賞把玩解。《晉書·紀瞻傳》：「館半崇麗，園地竹木，有足賞玩焉。」

〔6〕欞空——欞與櫺同，作窗格解。亦稱「窗齒」，或作欄楯解。欞空乃欞間的空格之意。

〔7〕風窗——見下節文釋。

（四）風窗

風窗，槅欞之外護，宜疏廣減〔1〕文〔2〕，或横半，或兩截推關。兹式如欄杆，減者亦可用也。在館爲「書窗」，在閨〔3〕爲「繡窗」〔4〕。

［釋文］

風窗就是槅欞外面所裝的保護物，應當稀疏寬闊，簡單美觀，或作横的半截，或分上下兩截，以便開關。其式樣如欄杆，雖簡化些也可用。這種風窗，安之書房的，稱「書窗」；安在閨房的，叫做「繡窗」。

[注釋]

〔1〕減——見上床槅注〔2〕。

〔2〕文——美觀之意。《禮·樂記》：「禮減而進，以進爲文；樂盈而反，以反爲文。」注：「文猶美也，善也。」

〔3〕閨——即內室，爲女子所居，普通稱爲「閨房」，或曰「閨門」，亦曰「閨閣」。

〔4〕繡窗——按古代女子主刺繡，所謂繡窗，即指女子居室之窗；如言「繡户」之類。

圖式

長槅式（圖一—十二）

古之床槅櫺版〔1〕，分位定于四、六者，觀之不亮。依時製，或櫺之七、八，版之二、三之間。諒〔2〕槅之大小，約桌几之平高，再高四、五寸爲最也。

［釋文］

古代的户槅櫺版，它的區分位置，規定爲四、六分的（卽櫺空約占高度的十分之六，而平版則占十分之四），看起來，很不透光。現在的做法，要櫺空十分之七、八，而平版祇在十分之二、三之間。在製作時，要度量户槅的長短，約與桌几之高相齊，再高，也祇能以四、五寸爲限。

［注釋］

〔1〕櫺版——按櫺爲户槅上部的名稱，也稱「櫺空」；版爲户槅下部的名稱，也稱「平版」。普通祇用平版一塊而不透光，故稱「平版」，餘見圖例。

〔2〕諒——作原情揣意解，亦有度量之意。

圖一一十二 長槅式

圖一一十二

圖一—十三　短櫺式

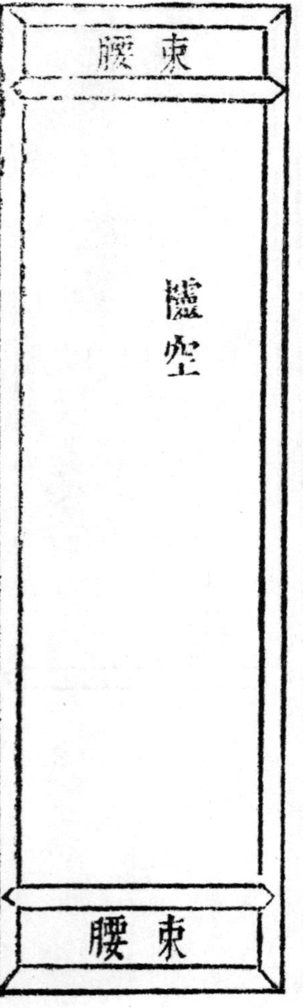

圖一—十三

短槅式（圖一—十三）

古之短槅，如長槅分欞版位者，亦更不亮。依時製，上下用束腰〔1〕，或版或欞可也。

［釋文］

古代的短槅，像長槅一樣，分開欞版的部位，也是更不透光。現在的做法，在上下都用束腰，或者是平版，或者是欞空，都可以。

［注釋］

〔1〕束腰——即户槅的上下鑲版，見圖例。

床槅柳條式（圖一一十四至二十三）

時遵柳條槅，疏而且減〔一〕，依式變換，隨便摘用。

［釋文］

現在床槅，時行用柳條式，疏而不繁，可以按照形式改變，任意選用。

［注釋］

〔一〕減——簡單不繁之意。

圖一一十四 床槅柳條式之一

圖一一十五 床槅柳條式之二

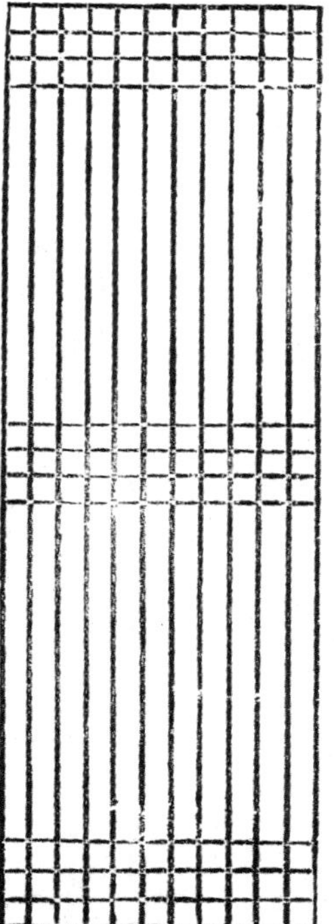

圖一一十四

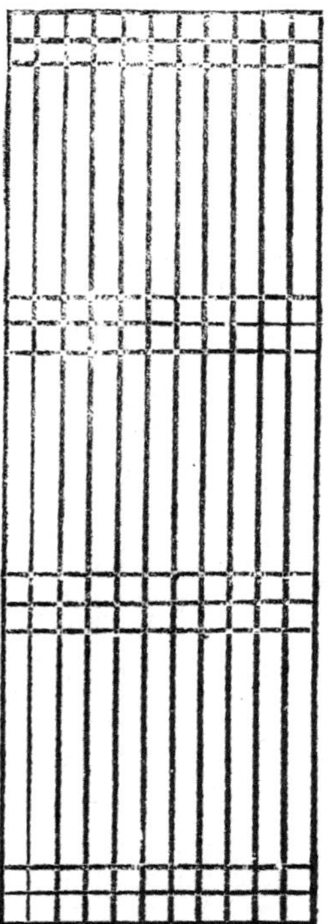

圖一一十五

圖一一十六 床槅柳條式之三

圖一一十七 床槅柳條式之四

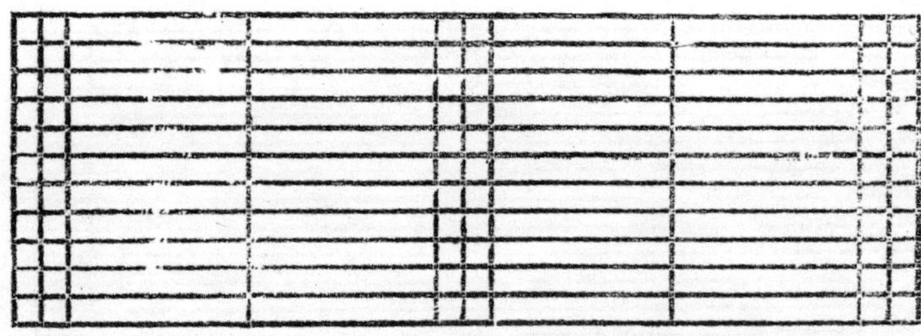

圖一一十六

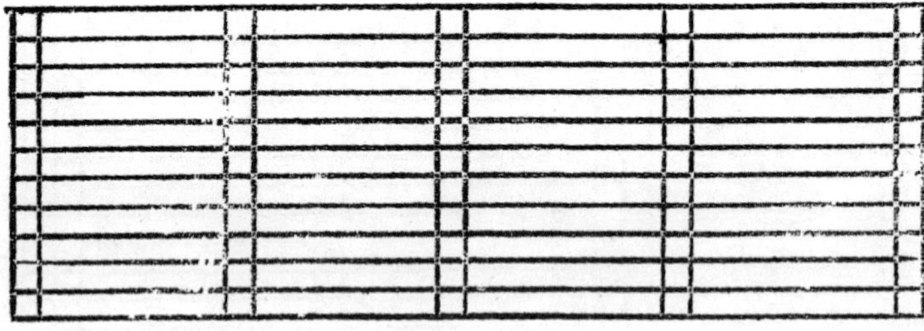

圖一一十七

圖一一十八 床榻柳條式之五
圖一一十九 床榻柳條式之六

圖一一十八

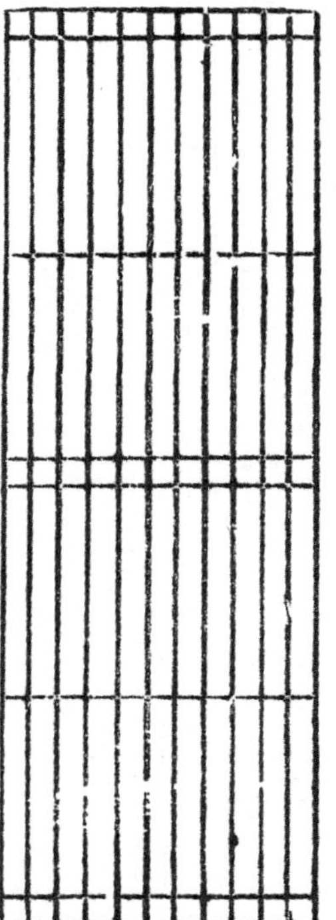

圖一一十九

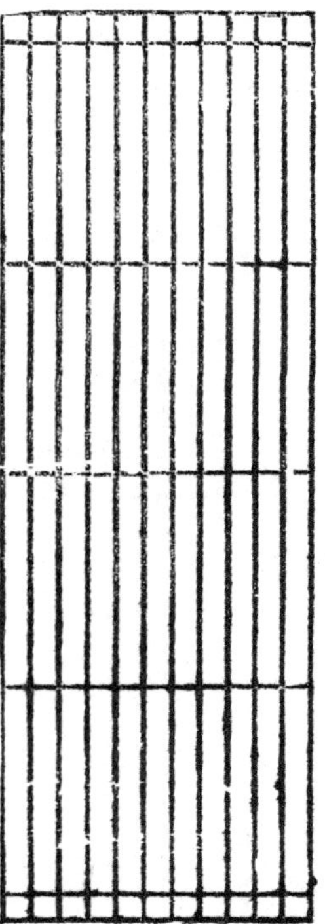

圖一—二十　床槅柳條式之七

圖一—二十一　床槅柳條式之八

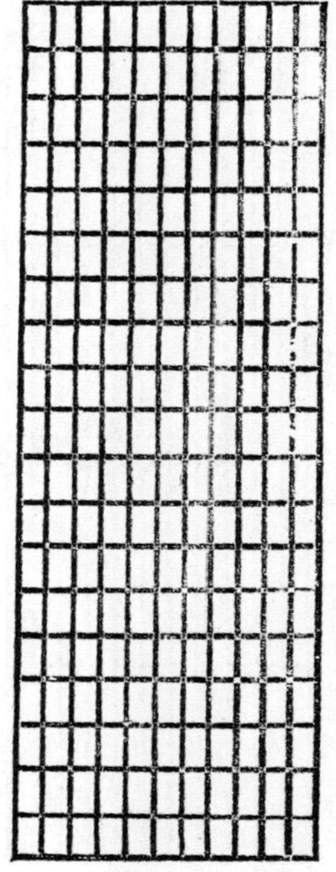

圖一—二十

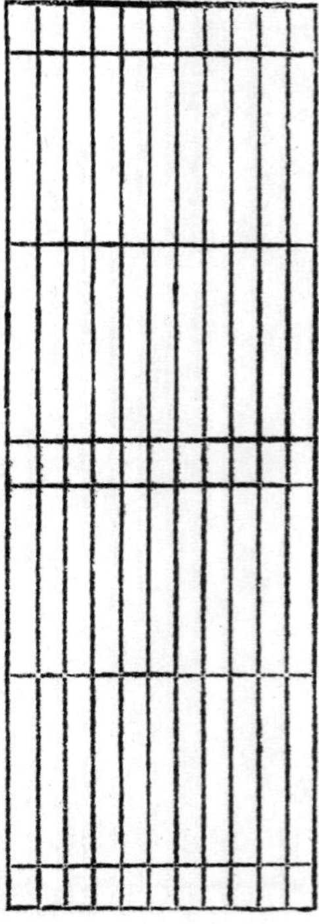

圖一—二十一

圖一一二十二 宋槅柳條式之九

圖一一二十三 宋槅柳條式之十

圖一一二十二

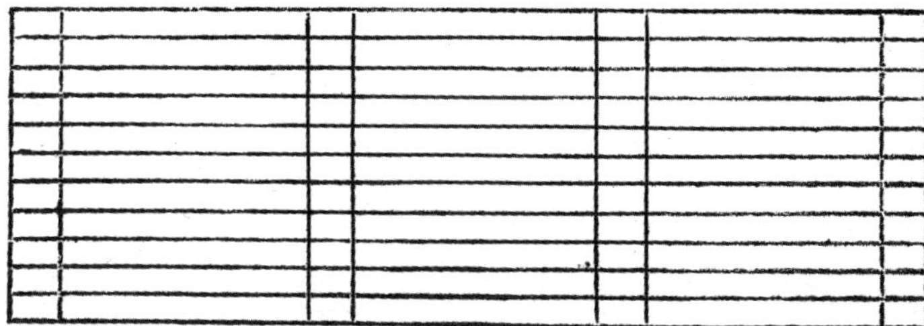

圖一一二十三

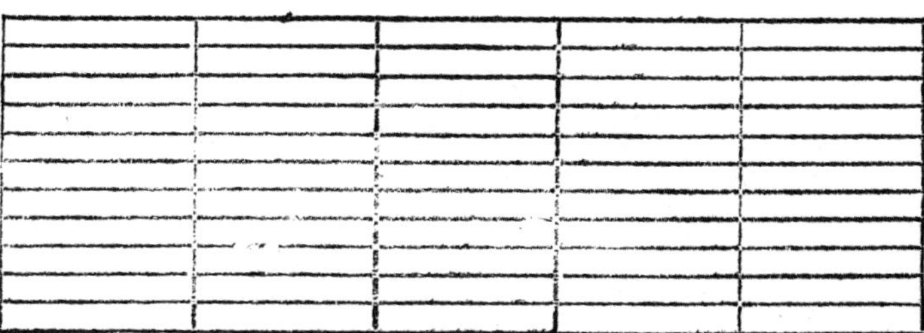

圖一—二十四 柳條變人字式之一
圖一—二十五 柳條變人字式之二

柳條變人字式（圖一—二十四、二十五）

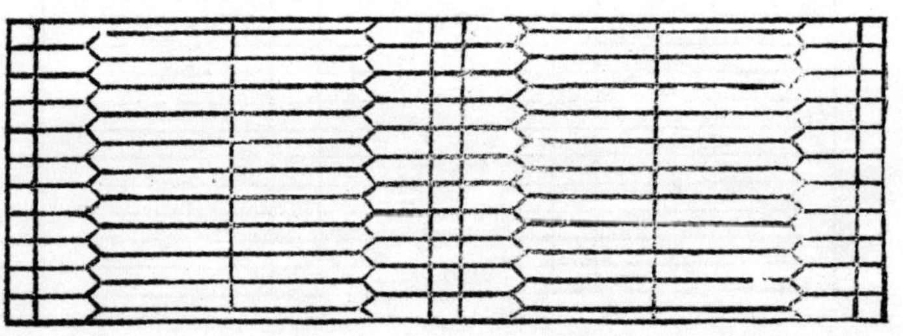

圖一—二十四

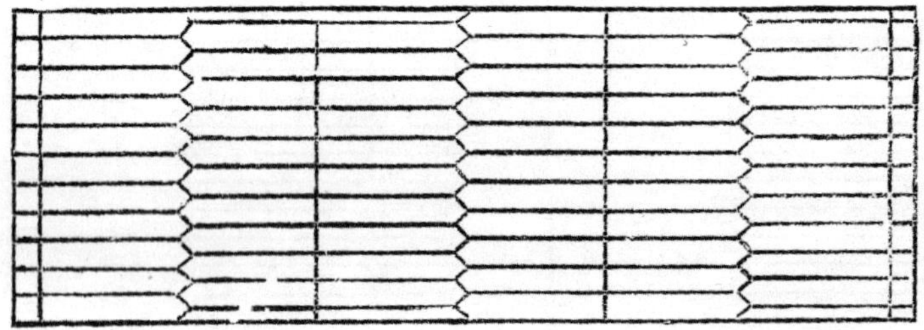

圖一—二十五

圖一—二十六 人字變六方式之一
圖一—二十七 人字變六方式之二

人字變六方式（圖一—二十六、二十七）

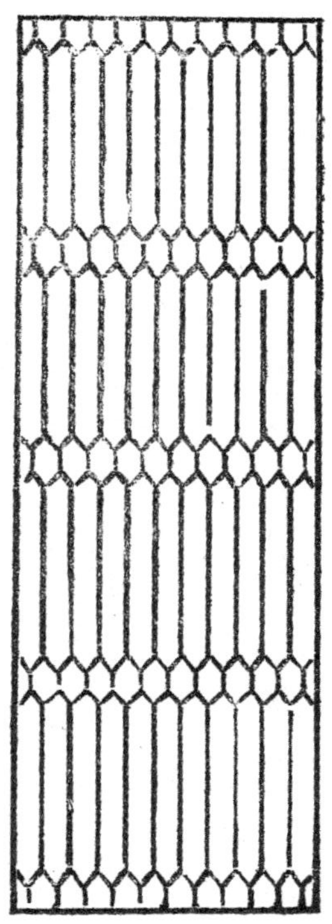

圖一—二十六

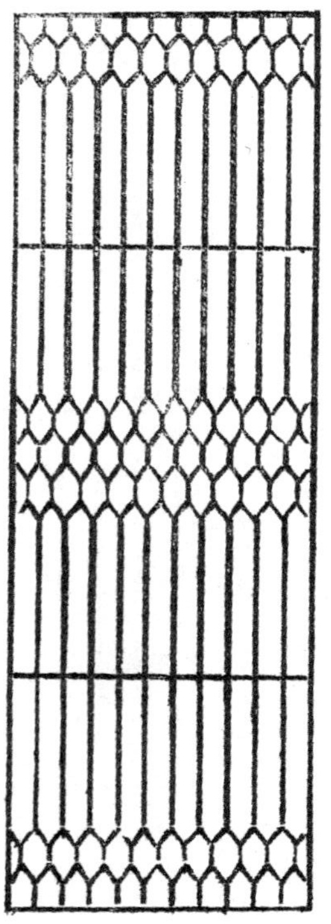

圖一—二十七

柳條變井字式（圖一—二十八至三十）

圖一—二十八

圖一—二十八　柳條變井字式之一

圖一—二十九　柳條變井字式之二
圖一—三十　柳條變井字式之三

圖一—二十九

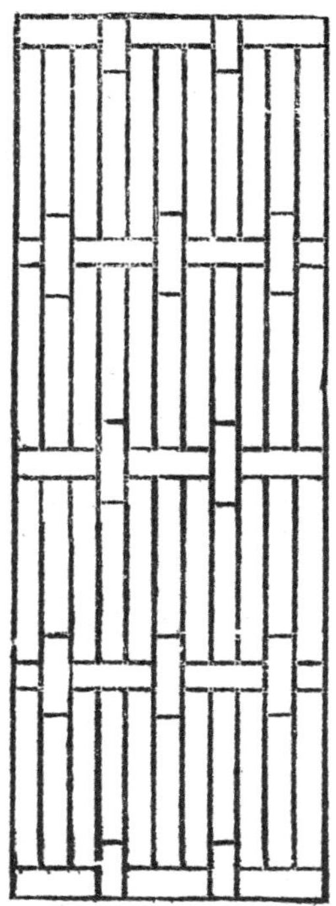

圖一—三十

圖一—三十一　井字變雜花式之一

圖一—三十二

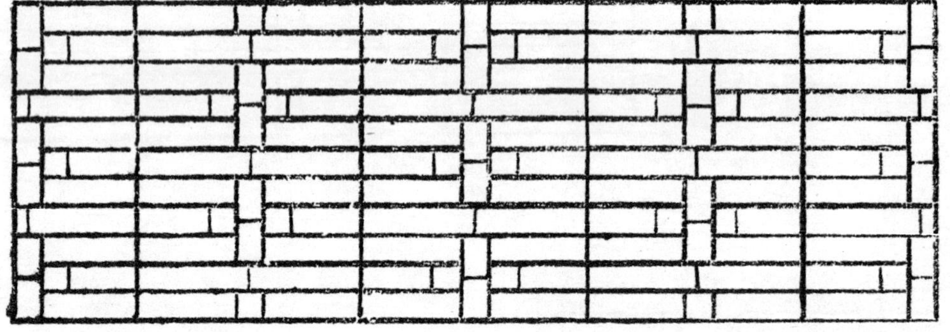

井字變雜花式（圖一—三十一至五十一）

圖一一三十二 井字變雜花式之二

圖一一三十三 井字變雜花式之三

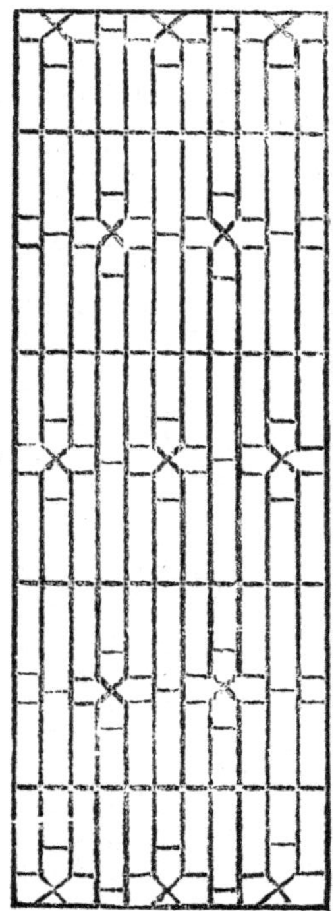

圖一一三十二

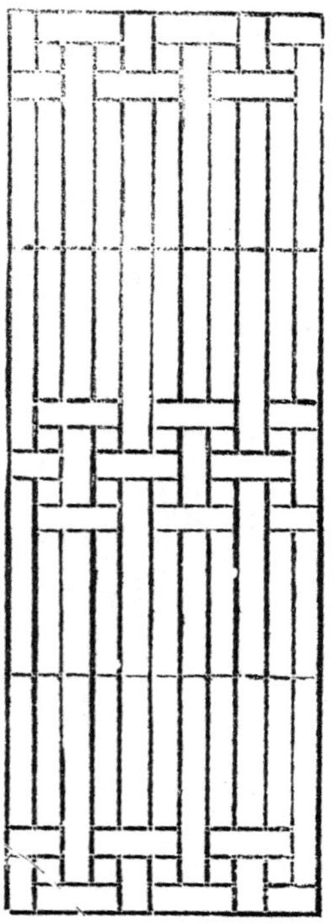

圖一一三十三

圖一—三十四　井字變雜花式之四

圖一—三十五　井字變雜花式之五

圖一—三十四

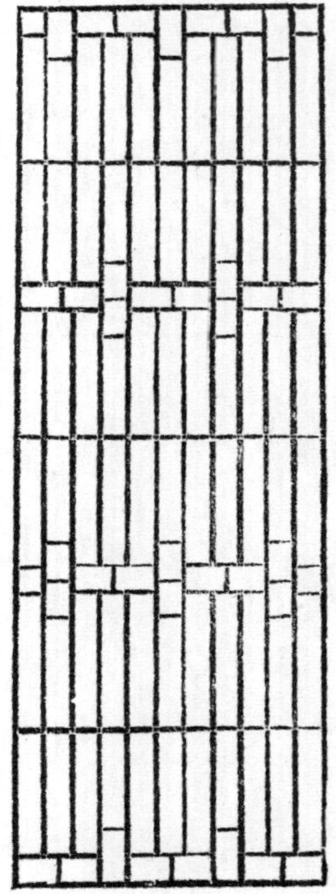

圖一—三十五

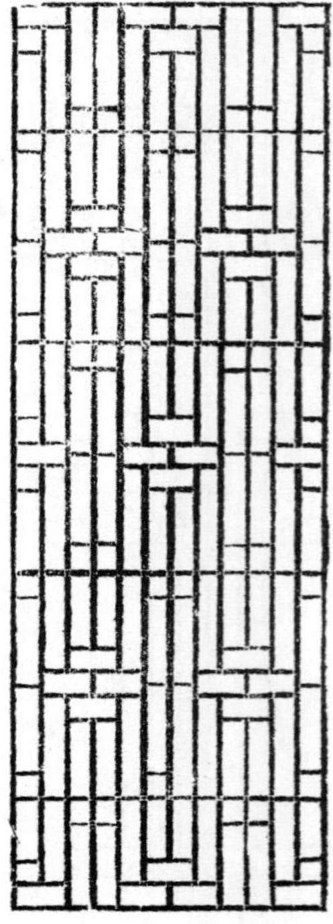

圖一—三十六　井字變雜花式之六

圖一—三十七　井字變雜花式之七

圖一—三十六

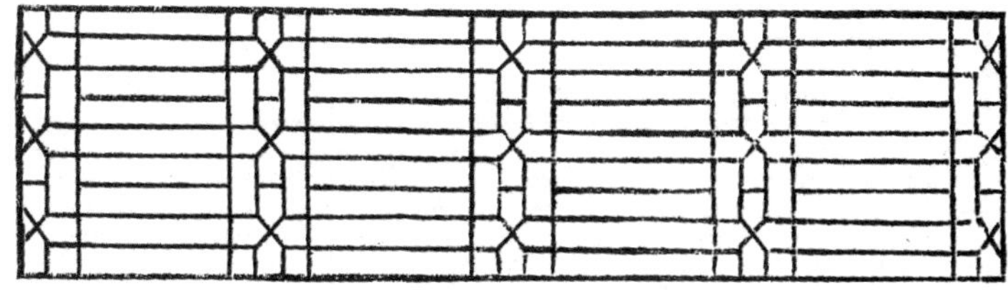

圖一—三十七

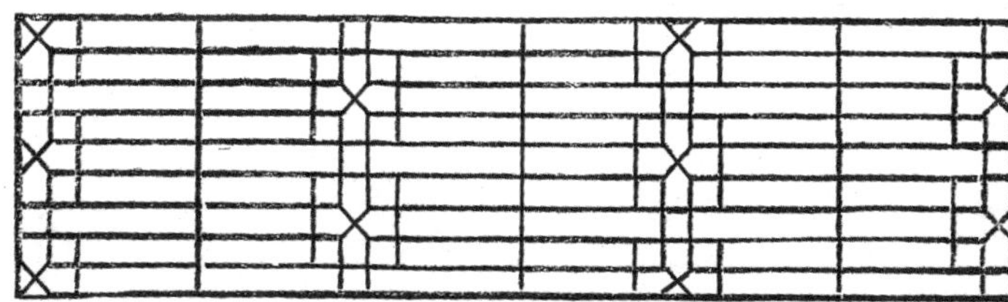

圖一—三十八　井字變雜花式之八

圖一—三十九　井字變雜花式之九

圖一—三十八

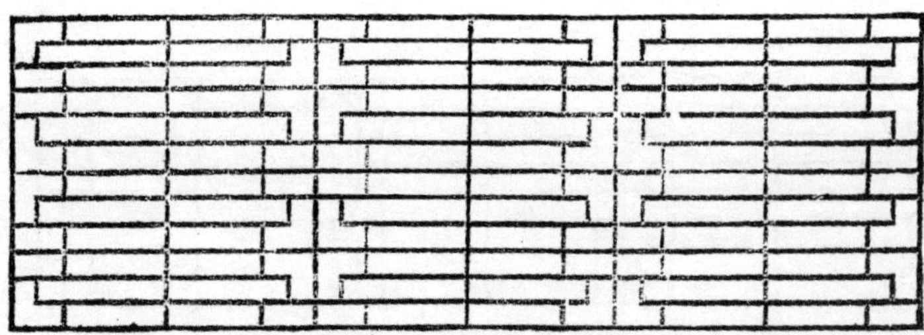

圖一—三十九

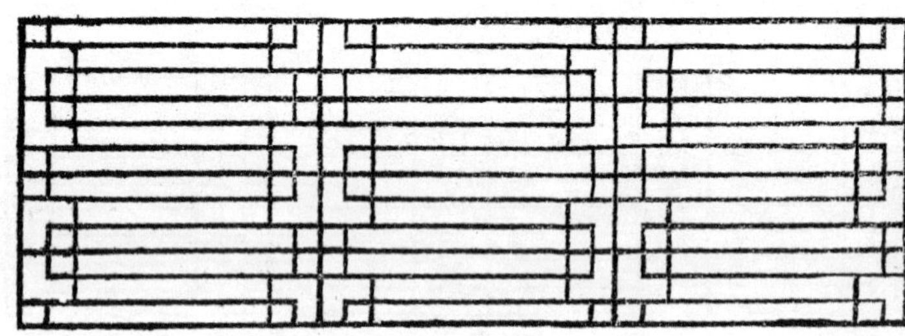

圖一一四十　井字變雜花式之十
圖一一四十一　井字變雜花式之十一

圖一一四十

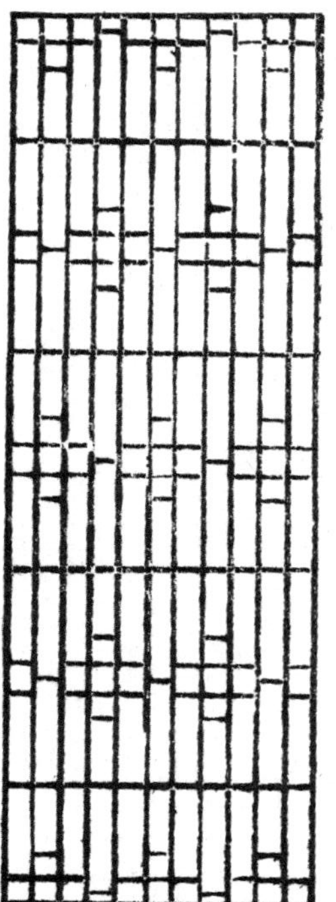

圖一一四十一

圖一一四十二　井字變雜花式之十二

圖一一四十三　井字變雜花式之十三

圖一一四十二

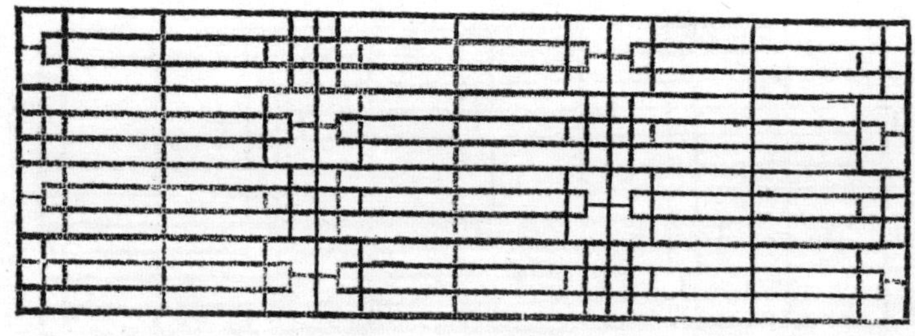

圖一一四十三

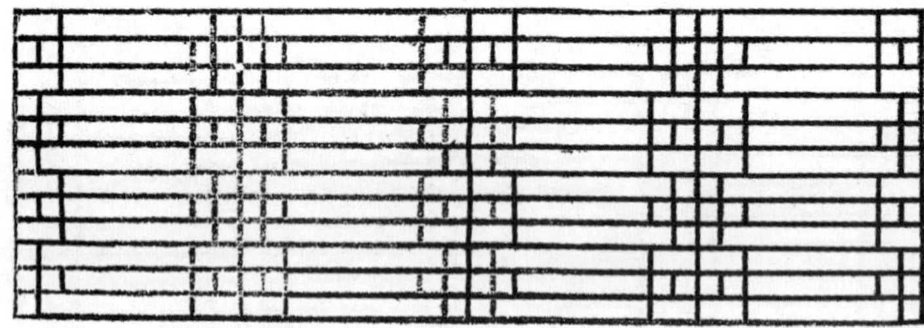

圖一一四十四 井字變雜花式之十四
圖一一四十五 井字變雜花式之十五

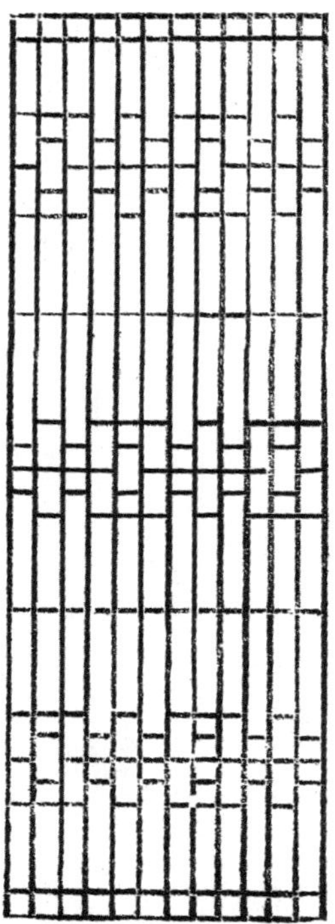
圖一一四十四

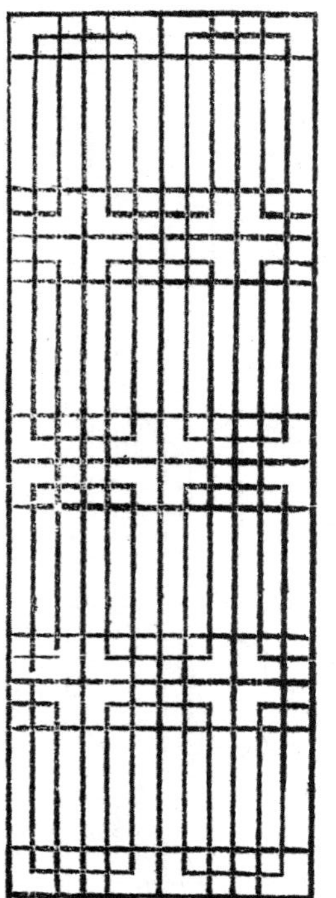
圖一一四十五

圖一—四十六 井字變雜花式之十六
圖一—四十七 井字變雜花式之十七

圖一—四十七

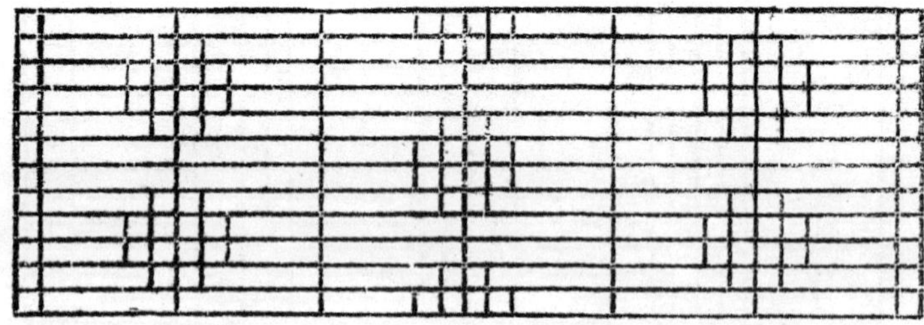

圖一—四十六

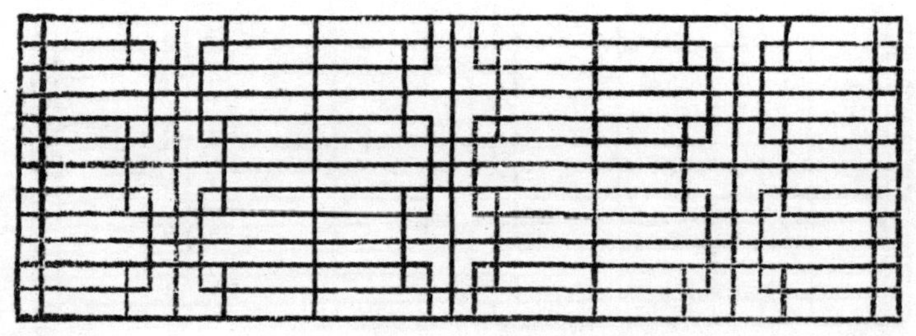

圖一一四十八　井字變雜花式之十八
圖一一四十九　井字變雜花式之十九

圖一一四十八

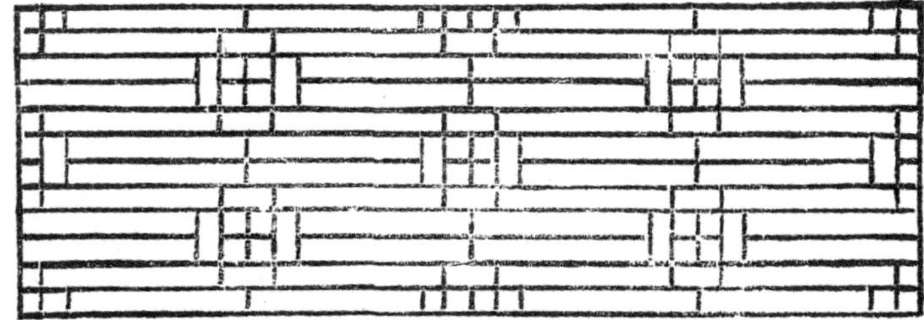

圖一一四十九

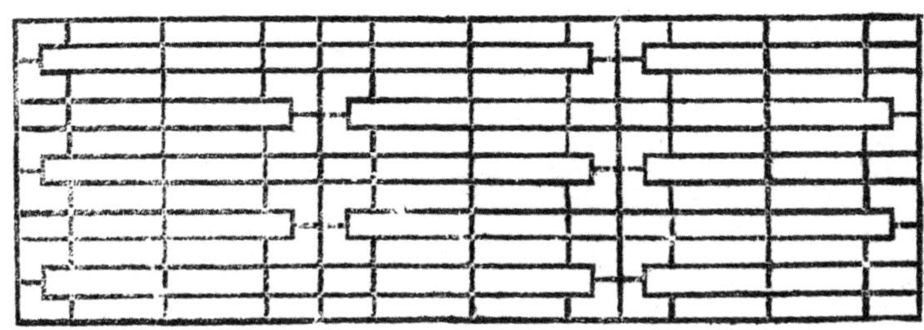

圖一一五十　井字變雜花式之二十

圖一一五十一　井字變雜花式之二十一

圖一一五十

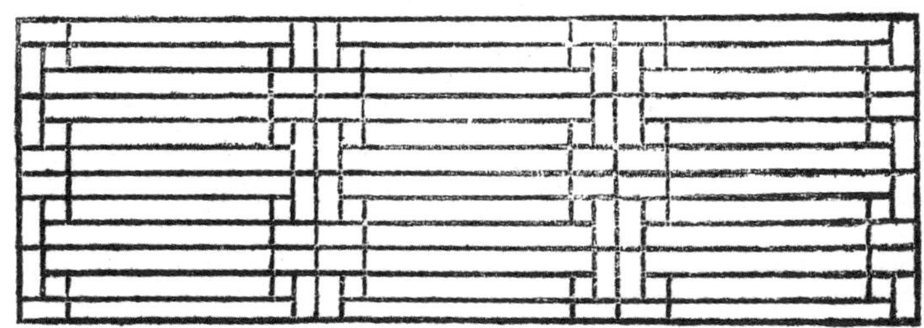

圖一一五十一

圖一—五十二 玉磚街式之一
圖一—五十三 玉磚街式之二

玉磚街式（圖一—五十二至五十五）

圖一—五十二

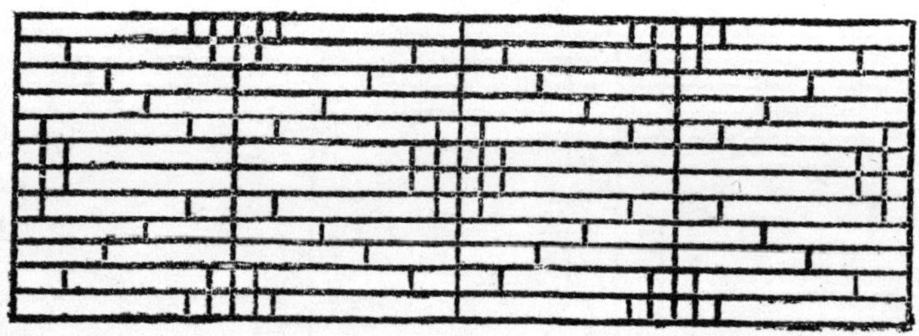

圖一—五十三

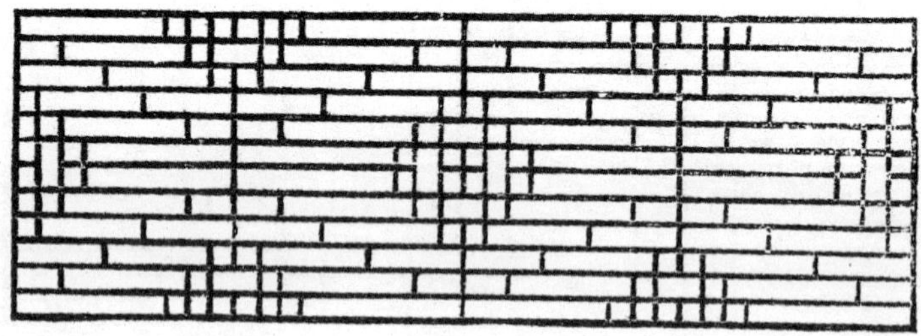

圖一一五十四　玉磚街式之三
圖一一五十五　玉磚街式之四

圖一一五十四

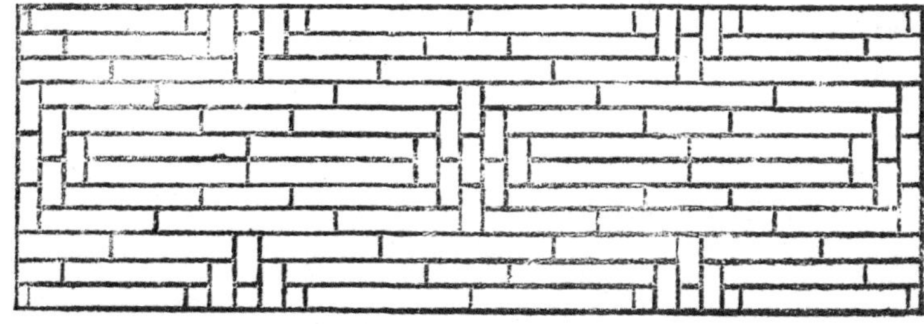

圖一一五十五

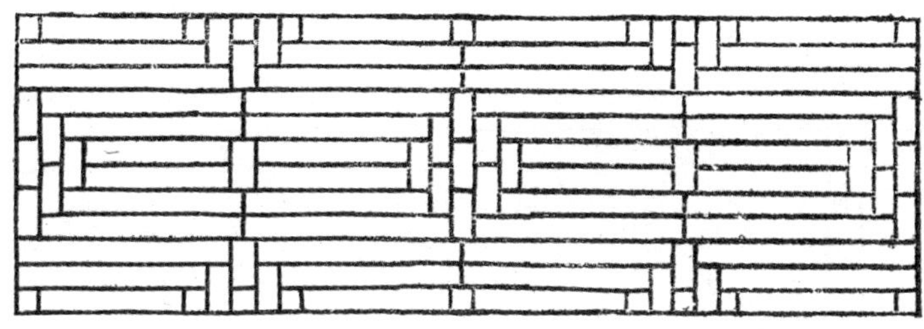

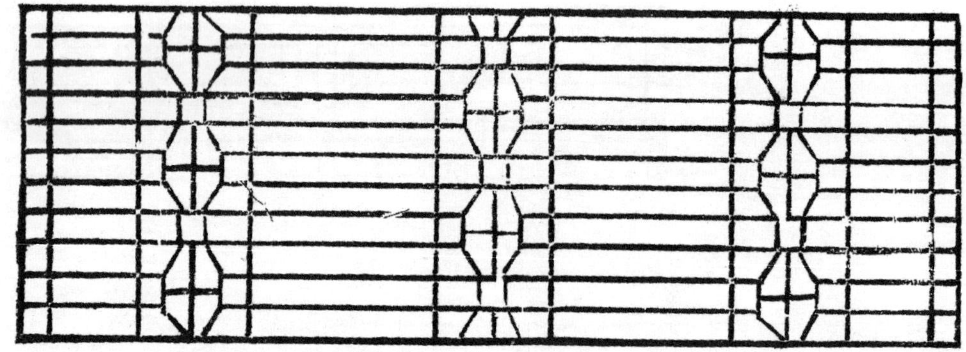

八方式（圖一五十六）

束腰式（圖一一五十七至六十四）

如長槅欲齊短槅并裝〔1〕，亦宜上下用。

［釋文］

如長槅欲和短槅并裝，則長槅亦應上下都用束腰。

［注釋］

〔1〕 并裝——猶言同時裝置或一齊裝置。

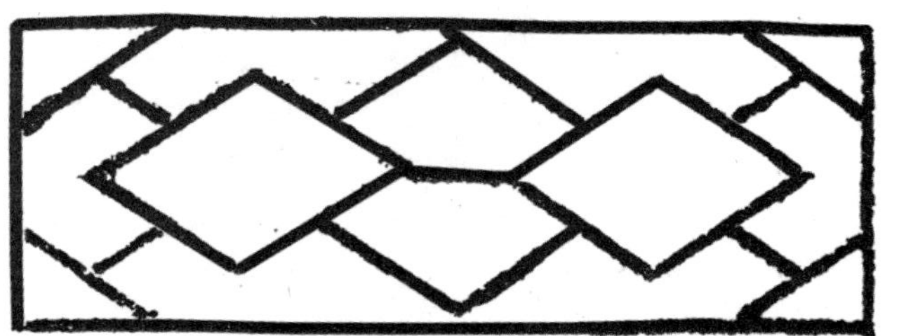

圖一一五十七

圖一—五十八　束腰式之二
圖一—五十九　束腰式之三
圖一—六十　束腰式之四

圖一—五十八

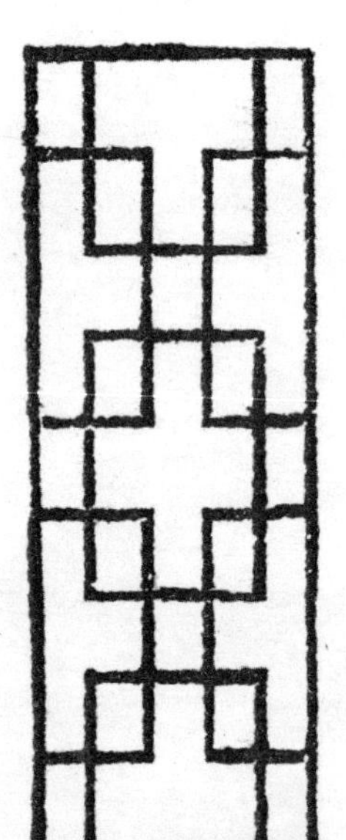

圖一—五十九

圖一—六十

圖一一六十一　束腰式之五
圖一一六十二　束腰式之六
圖一一六十三　束腰式之七
圖一一六十四　束腰式之八

圖一一六十一

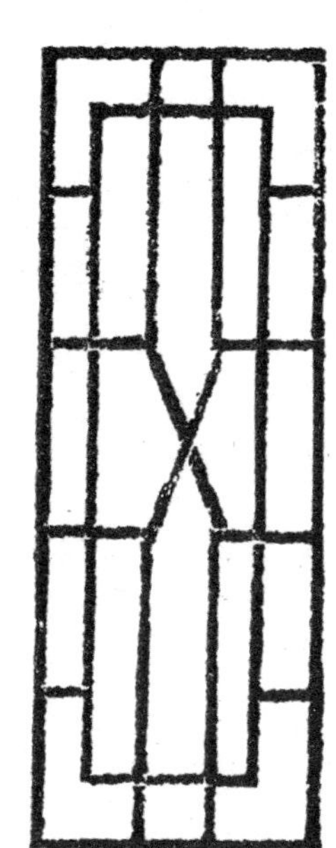

圖一一六十二

圖一一六十三

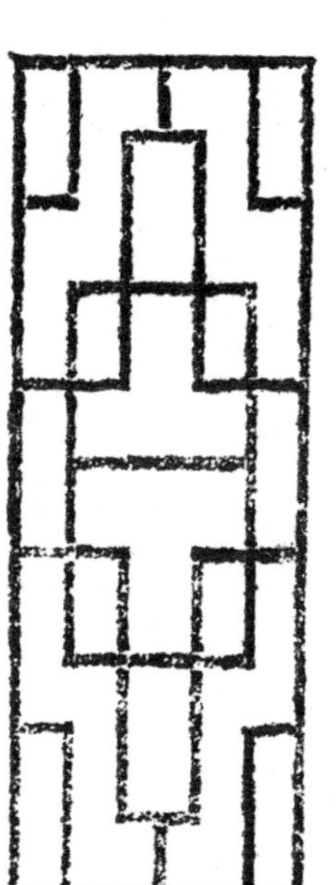

圖一一六十四

風窗式（圖一—六十五、六十六）

風窗宜疏，或空框糊紙，或夾紗〔1〕，或繪〔2〕，少飾幾欞可也。檢〔3〕欄杆式中，有疏而減文，竪用亦可。

〔釋文〕

風窗格子應當少而簡，或將空框糊上紙，或在框内夾層紗，或繪上畫，可以少裝幾個欞齒。欄杆式中，擇其疏而不繁者用之，也可竪用。

〔注釋〕

〔1〕夾紗——在框內夾一層薄紗，以代糊紙。另一解釋：「夾紗」是一面窗上使用兩層欞，在兩層欞中間糊紗，這種做法叫做「夾紗」。這是最高級的做法，窗內外都好看。

〔2〕繪——用畫裱在窗上，既透光，又好看，且又節省。餘見圖例。

〔3〕檢——卽揀，作選擇解，今江浙一帶方言，仍稱選擇爲「檢」。

圖一一六十五　風窗式之一
圖一一六十六　風窗式之二

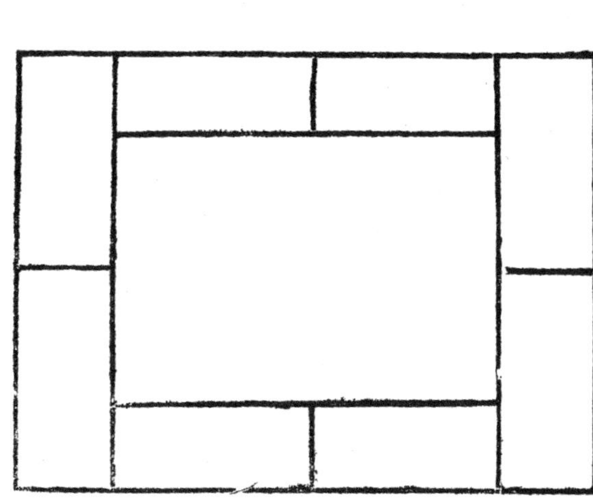
圖一一六十五

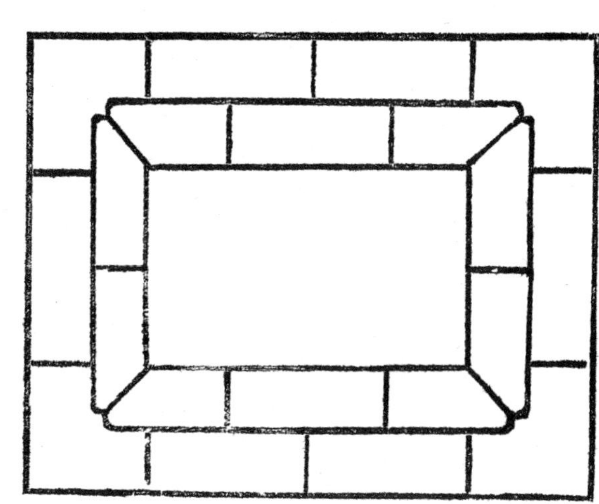
圖一一六十六

圖一六十七　冰裂式

圖一六十七

冰裂式（圖一—六十七）

冰裂惟風窗之最宜者，其文致減〔1〕雅，信畫〔2〕如意，可以上疏下密〔3〕之妙。

［釋文］

在風窗中惟以冰裂式爲最宜，它的花紋簡單而雅致，隨意繪製，構圖以上稀下密爲妙（按指冰裂之數）。

［注釋］

〔1〕減——按此處含有稀疏之意。

〔2〕信畫——隨意或信手繪製之意。

〔3〕上疏下密——指冰裂式窗櫺裂紋分佈，上面稀疏，下面稠密之意。餘見圖例。

兩截式（圖一—六十八）

風窗兩截者，不拘何式，關合如一爲妙。

［釋文］

兩截式風窗，不拘任何式樣，總以能關合如同一個整體爲佳。

三截式（圖一—六十九）

將中扇掛合上扇，仍撑上扇不礙空處。中連上，宜用銅合扇〔一〕。

［釋文］

三截式的風窗，是將中扇連在上扇之上，仍然將上扇撑起，並不妨礙空間。又中扇與上扇相連之處，應該用銅鉸鏈聯結起來。

［注釋］

〔一〕銅合扇——爲銅製的鉸鏈，是以金屬兩片相鉤結，藉以開關的。古時稱「屈戌」，現代稱「鉸鏈」，或稱「合頁」、「活扣」。餘見圖例。

圖一一六十八 兩截式
圖一一六十九 三截式

圖一一六十八

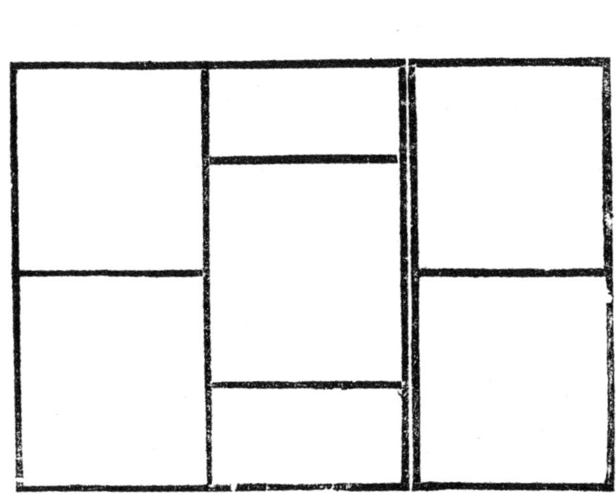

圖一一六十九

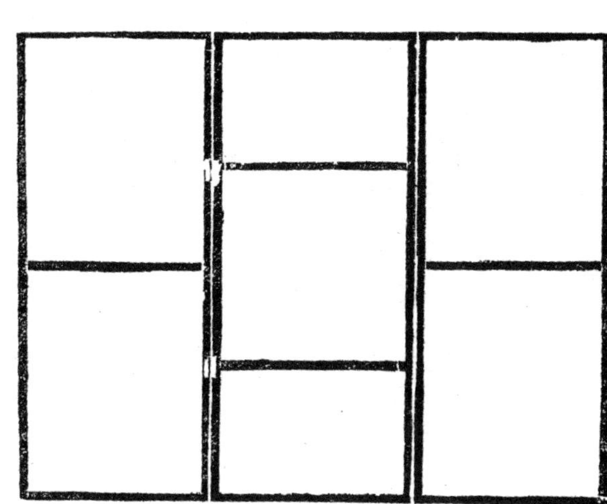

梅花式（圖一—七十）

梅花風窗宜分瓣做。用梅花轉心〔一〕于中，以便開關。

［釋文］

梅花式的風窗，要一瓣瓣的分開做。另用一個梅花轉心裝在窗的中間，以便開關。

［注釋］

〔一〕梅花轉心——可以轉動的軸心，按照梅花式型製成，用之可以開關，屬于鉸鏈一類。餘見圖例。

圖一一七十　梅花式

圖一一七十

梅花開式（圖一—七十一）

連做二瓣，散做三瓣，將梅花轉心，釘一瓣于連二之尖，或上一瓣、二瓣、三瓣，將轉心向上扣住。

［釋文］

梅花開式，下面二瓣合做，上面三瓣分做。將五瓣梅花式的轉心，釘一瓣在下面連做兩瓣窗扇式的尖端，散做的三瓣可以裝在它的上面，也可以取下。裝時可上一瓣（卽開敞五分之二），也可上兩瓣（卽開敞五分之一），還可以三瓣全裝上（卽全部關閉）。不管散瓣裝上幾瓣，都是待裝好後再將下面連二瓣的轉心向上扣住。餘見圖例。

圖一—七十一　梅花開式

圖一—七十一

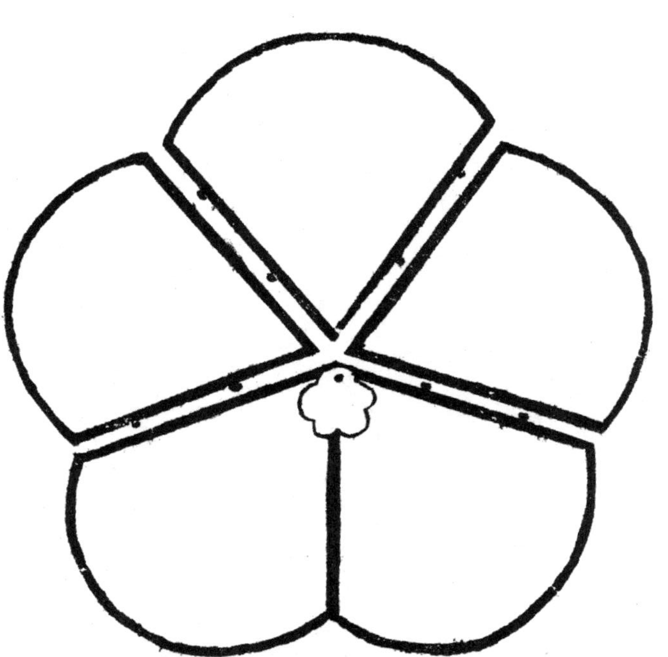

圖一七十二 六方式

圖一七十二

六方式（圖一七十二）

圖一一七十三

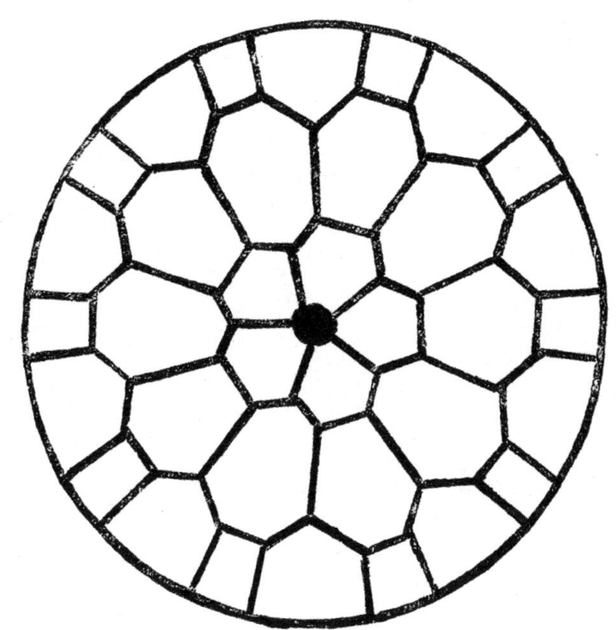

圓鏡式（圖一一七十三）

← 網師園

卷二十

五 欄杆

欄杆信畫〔1〕而成，減便爲雅。古之回文〔2〕萬字〔3〕，一概屏去，少留涼床〔4〕佛座〔5〕之用，園屋間一〔6〕不可製也。予歷數年，存式百狀，有工而精，有減而文，依次序變幻〔7〕，式之于左〔8〕，便爲摘用。以筆管式〔9〕爲始；近有將篆字〔10〕製欄杆者，况理畫〔11〕不匀，意不聯絡。予斯式中，尚覺未盡，儘可粉飾〔12〕。

［釋文］

欄杆花樣可以信手畫成，以簡便爲雅。古人所用的回文式和萬字式，一概屏棄，衹留若干作爲涼床和佛座裝飾之用，園内房屋的欄杆則一律不用。我于數年之間，留有百種式樣，有的細緻而較精美，有的簡單而有風韻；現依次變化，列式于後，以便採用。下列各式，以筆管式爲始；近人有將篆字作爲欄杆花紋者，不僅筆畫疏密不匀，而且彼此也不聯貫。我列各式中，仍覺尚未盡善，採用時儘可加適當修改。

［注釋］

〔1〕信畫——見園說注〔37〕。

〔2〕回文——係一種「回」字形循環反復聯綴的花紋。

〔3〕萬字——即卍字花紋。

〔4〕涼床——是指暑日所用的床鋪，今竹床亦稱「涼床」。

〔5〕佛座——爲佛堂内承受佛像的須彌座。

〔6〕一——一律或一概之意。

〔7〕變幻——作變化解。

〔8〕左——指文之左方（古書皆自右向左豎排），亦可作「後」或「下」解。

〔9〕筆管式——指欄杆花紋似筆管形者。

〔10〕篆字——按篆字有二種，大篆爲周宣王太史史籀所作，小篆爲秦丞相李斯所作。此則指以篆字作欄杆花紋而言。

〔11〕理畫——紋理、筆畫。

〔12〕粉飾——作美化和潤飾解，即加以修改之意。

圖式

筆管式（圖二—一）　雙筆管式（圖二—二）　筆管變式（圖二—三至十一）

欄杆以筆管式爲始，以單變雙，雙則如意〔1〕變化〔2〕，以次〔3〕而成，故有名〔4〕。無名〔5〕者恐有遺漏，總次序記之。内有花紋不易製者，亦書做法，以便鳩匠〔6〕。

［釋文］

欄杆式樣，由筆管式開始，從單式變成雙式，雙式則隨意變化依次排列構成，故皆有名稱。其無名稱者，恐不免有所遺漏，綜合起來依次記載。内中有花紋不易製作的，也將製法寫出，以便雇工照製。

［注釋］

〔1〕如意——作合意解。
〔2〕變化——原本作「變畫」，誤，今改正。
〔3〕次——明版本作「匀」，誤，今改正。
〔4〕有名——能説出其名稱者。
〔5〕無名——不能説出其名稱者。
〔6〕鳩匠——聚集工人之意。《爾雅·釋詁》：「鳩，聚也」。

圖二一一　筆管式
圖二一二　雙筆管式
圖二一三　筆管變式之一

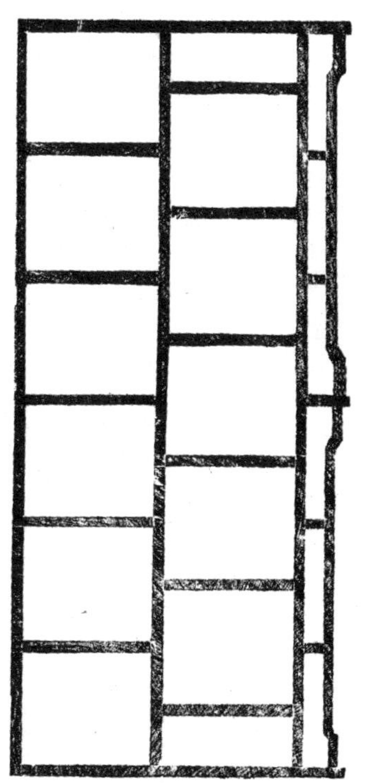
圖二一一

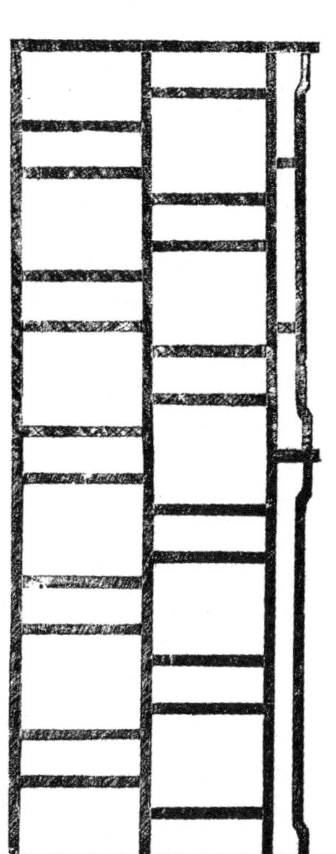
圖二一二

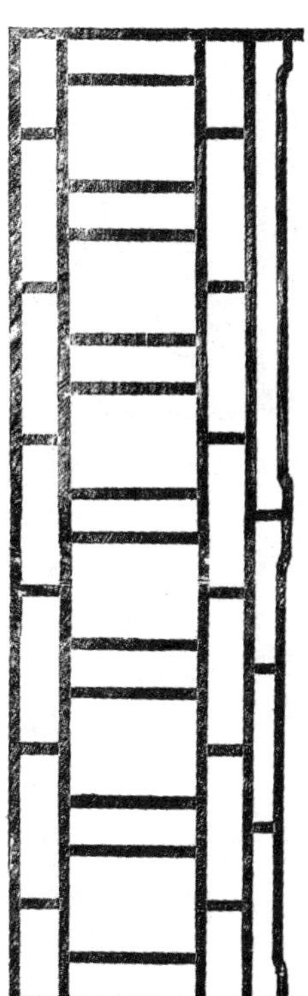
圖二一三

圖二一四　筆管變式之二
圖二一五　筆管變式之三
圖二一六　筆管變式之四

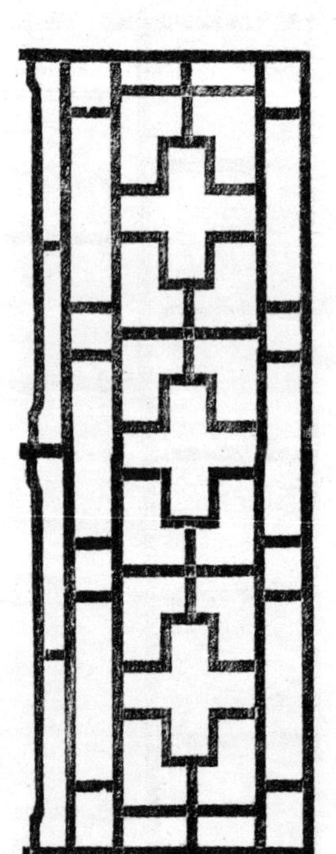
圖二一四

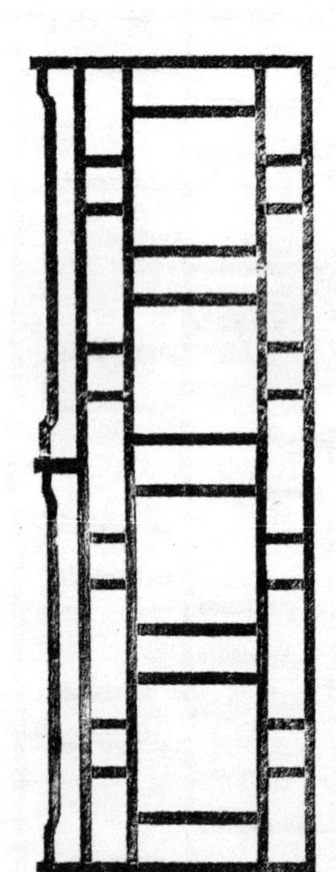
圖二一五

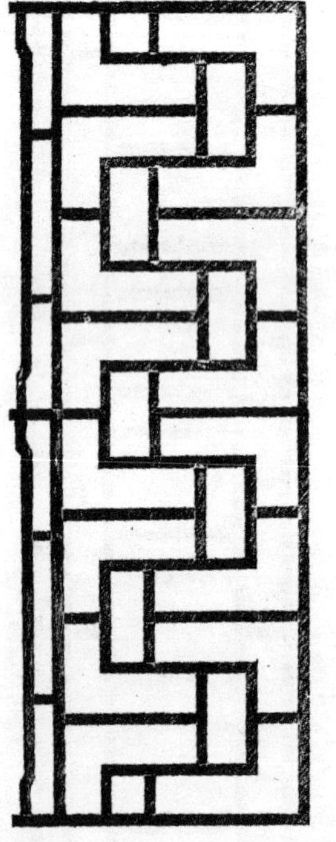
圖二一六

圖二一七 筆管變式之五
圖二一八 筆管變式之六
圖二一九 筆管變式之七

圖二一七

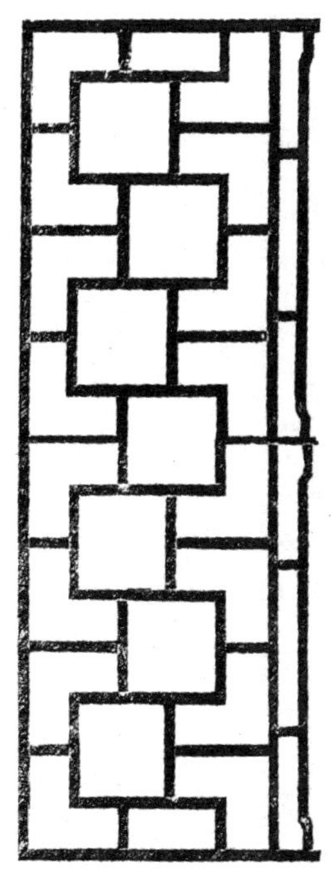

圖二一八

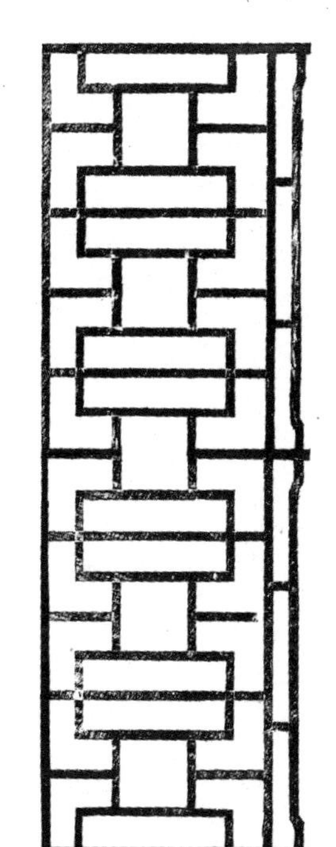

圖二一九

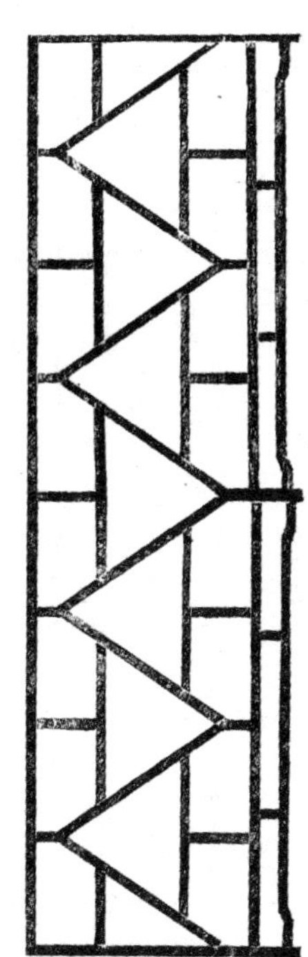

圖二十 筆管變式之八
圖二十一 筆管變式之九

圖二十

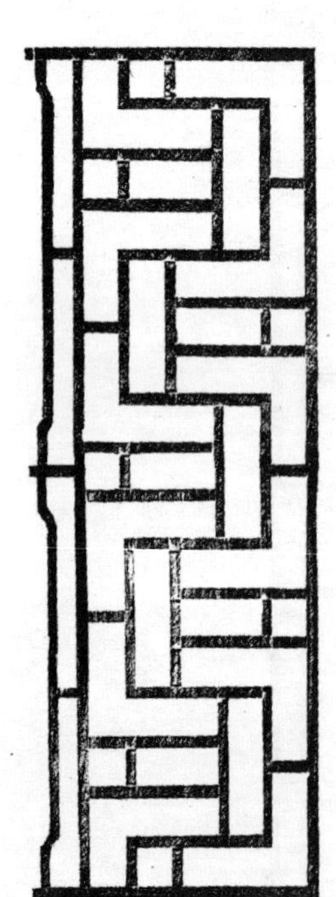

圖二十一

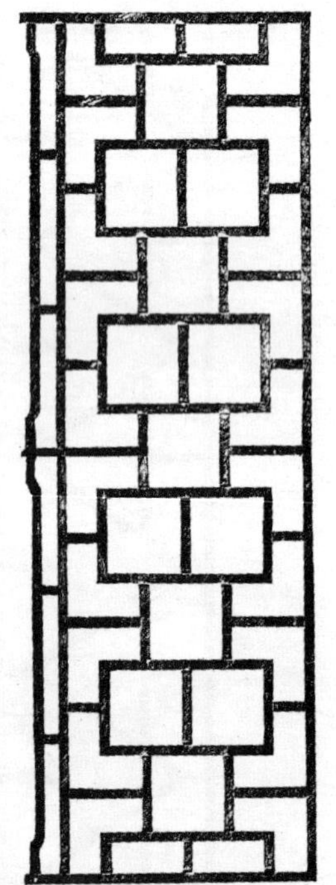

圖二—十二

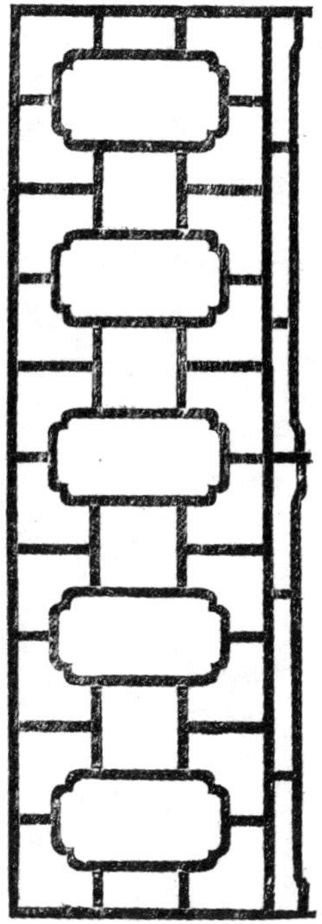

縧環式（圖二—十二）

欘環式（圖二—十三至十六）

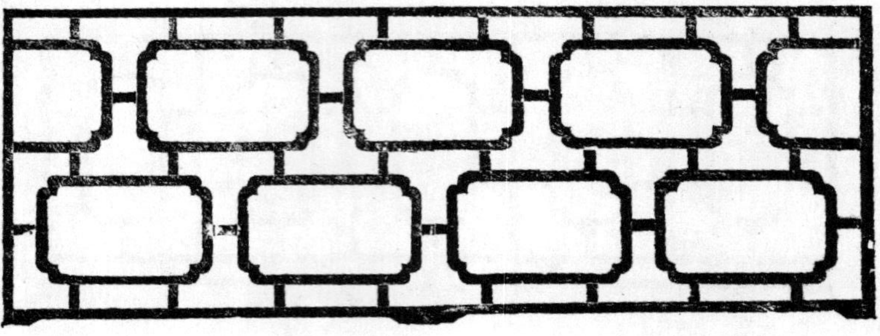

圖二—十三

圖二—十三　欘環式之一

圖二一十四 橫環式之二
圖二一十五 橫環式之三
圖二一十六 橫環式之四

圖二一十四

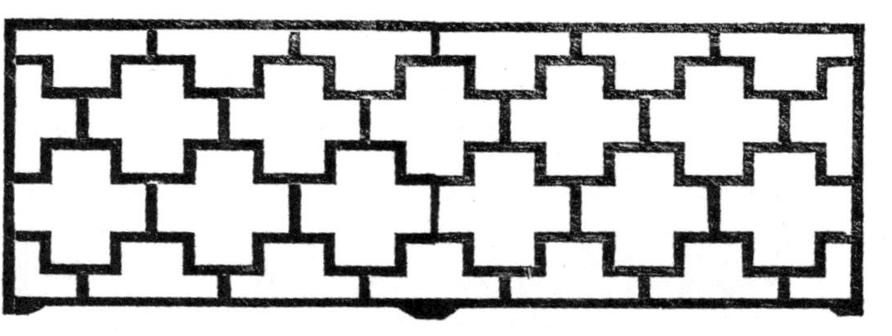

圖二一十五

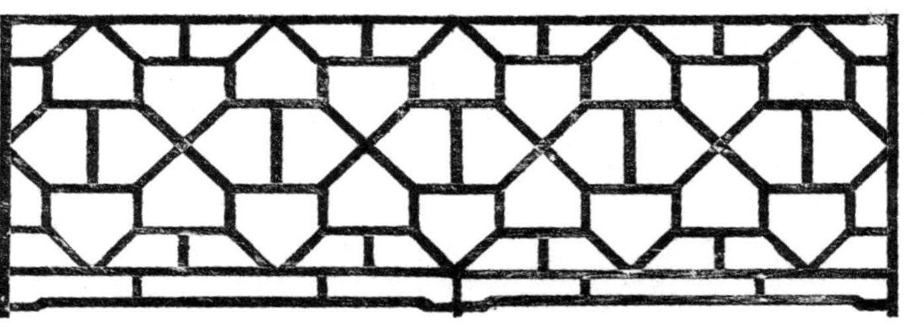

圖二一十六

套方式（圖二—十七至二十八）

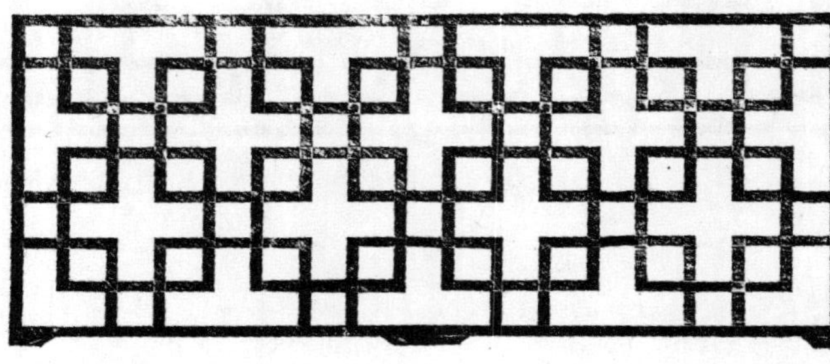

圖二—十七

圖二—十七　套方式之一

圖二一十八 套方式之二
圖二一十九 套方式之三
圖二一二十 套方式之四

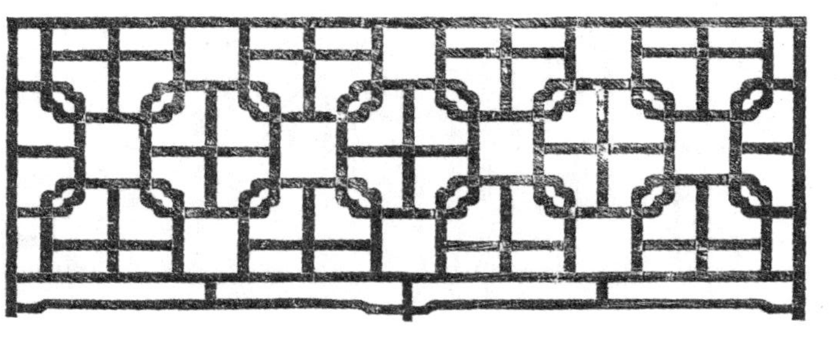

圖二一十八

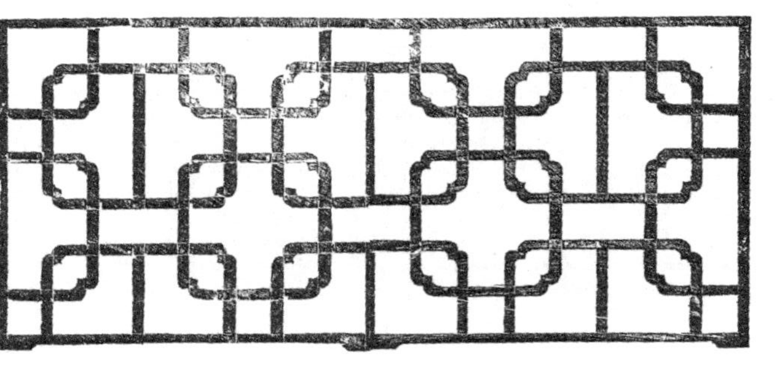

圖二一十九

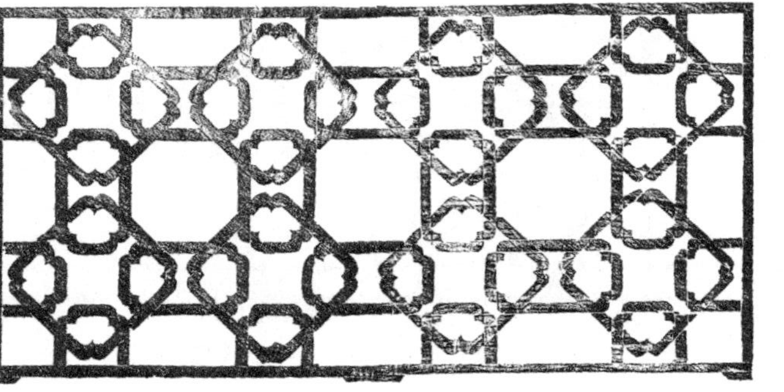

圖二一二十

圖二—二十一　套方式之五
圖二—二十二　套方式之六
圖二—二十三　套方式之七

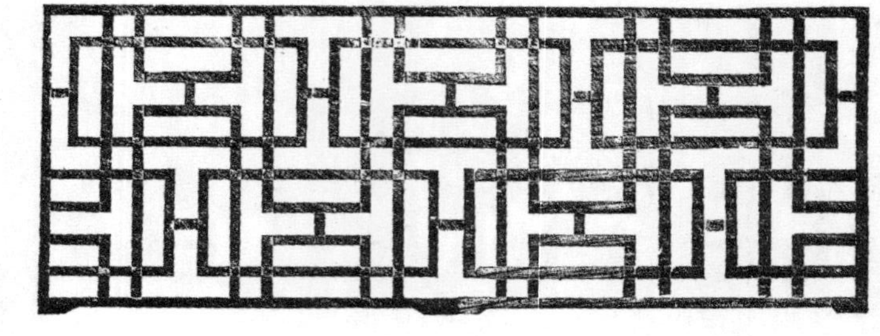

圖二—二十一

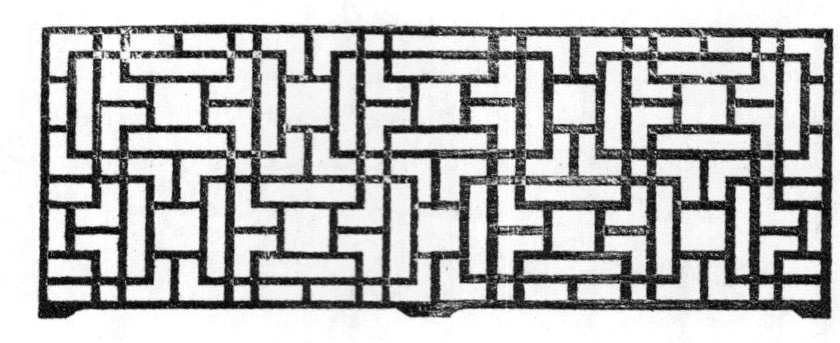

圖二—二十二

圖二—二十三

圖二一二十四　套方式之八
圖二一二十五　套方式之九
圖二一二十六　套方式之十

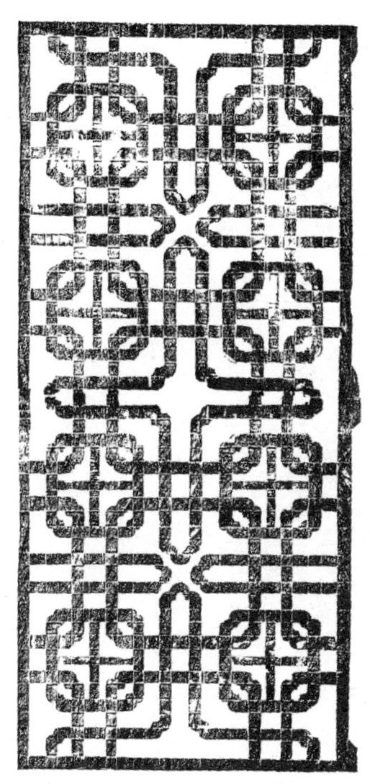
圖二一二十四

圖二一二十五

圖二一二十六

圖二二七　套方式之十一

圖二二八　套方式之十二

圖二二七

圖二二八

圖二—二十九　三方式之一

三方式（圖二—二十九至三十七）

圖二—二十九

圖二一三十　三方式之二

圖二一三十一　三方式之三

圖二一三十

圖二一三十一

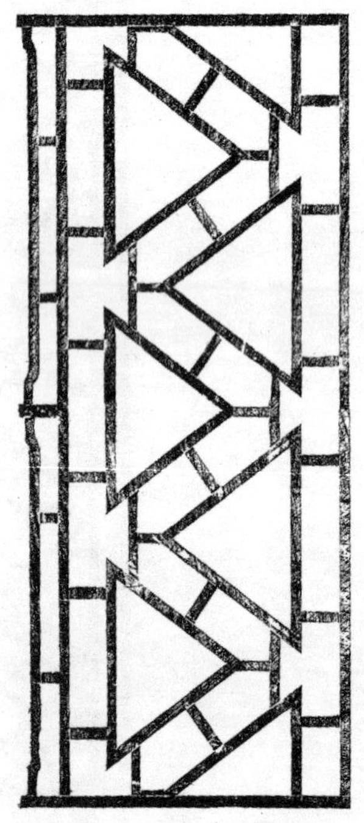

圖二一三十二 三方式之四
圖二一三十三 三方式之五
圖二一三十四 三方式之六

圖二一三十二

圖二一三十三

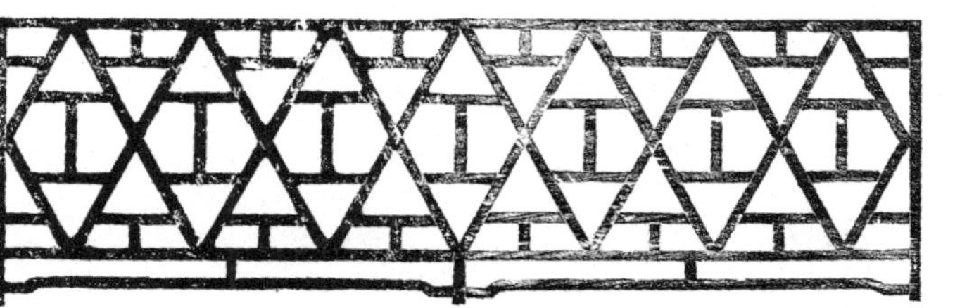

圖二一三十四

圖二一三十五 三方式之七
圖二一三十六 三方式之八
圖二一三十七 三方式之九

圖二一三十五

圖二一三十六

圖二一三十七

圖二一三十八　錦葵式

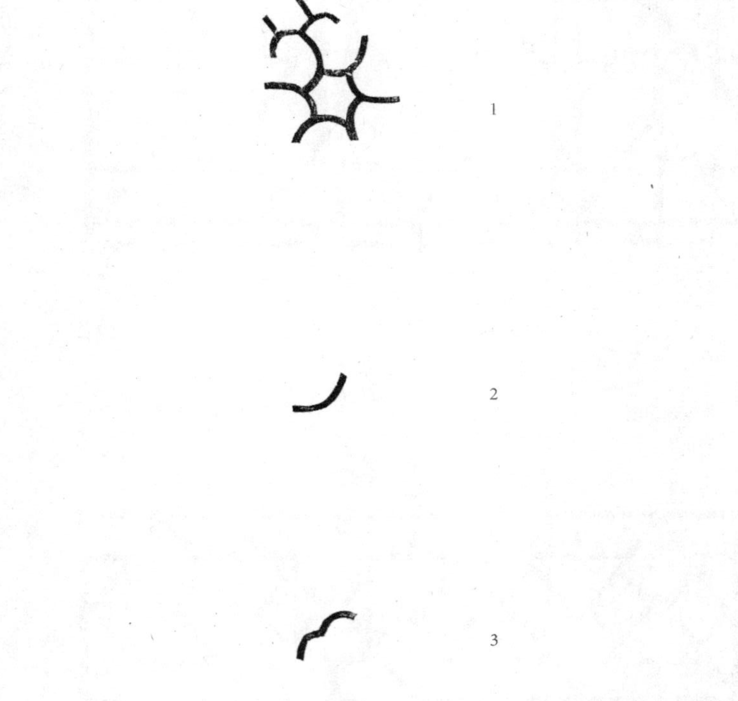

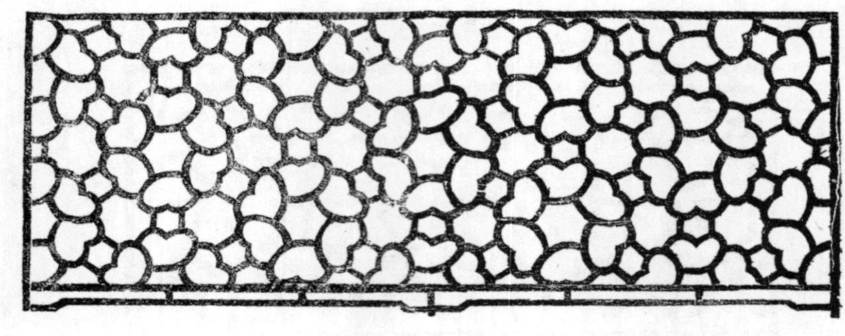

圖二一三十八

錦葵式（圖二一三十八）

先以六料攢心〔1〕，然後加瓣，如斯做法（圖 1）。

斯一料攢心（圖 2）。

斯一料鬪瓣〔2〕（圖 3）。

［釋文］

先用六個小料聚成花心，然後在外周用料加製花瓣，依照這樣做法，來拼湊成功（圖 1）。

這樣材料供攢心用（圖 2）。

這樣材料供鬪瓣用（圖 3）。

［注釋］

〔1〕 攢心——先將小料攢集一處，俾成花心（按花蕊俗稱花心）；而後，在其外周再加花瓣，鬪成欄杆。餘見圖例。

〔2〕 鬪瓣——指在花心外鬪成花瓣而言。

六方式（圖二—三十九）

葵花式（圖二—四十至四十五）

圖二—三十九

圖二—三十九　六方式

圖二一四十 葵花式之一
圖二一四十一 葵花式之二
圖二一四十二 葵花式之三

圖二一四十

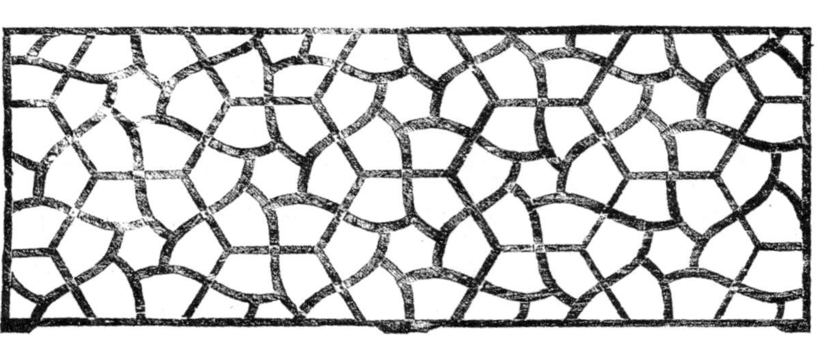

圖二一四十一

圖二一四十二

圖二一四十三 葵花式之四
圖二一四十四 葵花式之五
圖二一四十五 葵花式之六

圖二一四十三

圖二一四十四

圖二一四十五

波紋式（圖二一四十六）

惟斯一料可做。

［釋文］

祇用這樣一種材料就可以做。

圖二一四十六

梅花式（圖二一四十七）

用斯一料鬭瓣，料直〔1〕，不攢〔2〕榫眼〔3〕。

［釋文］

用這一種材料做鬭瓣，料直，不須再鑿榫眼。（原文費解疑有誤）

［注釋］

〔1〕料直——有直的材料之意。

〔2〕攢——與鑽通，作鑿解。

〔3〕榫眼——今俗稱「筍頭」，乃鑿木作洞而爲鬭合之用。

圖二一四十七

圖二一四十七　梅花式

圖二一四十八　鏡光式之一
圖二一四十九　鏡光式之二

鏡光式（圖二一四十八至五十一）

圖二一四十八

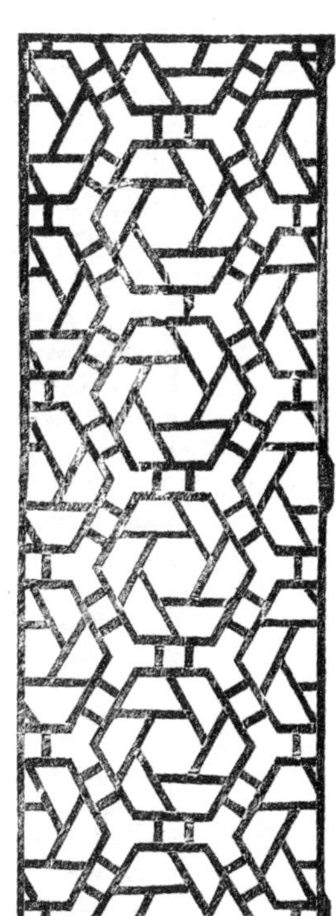
圖二一四十九

圖二—五十　鏡光式之三

圖二—五十一　鏡光式之四

圖二—五十

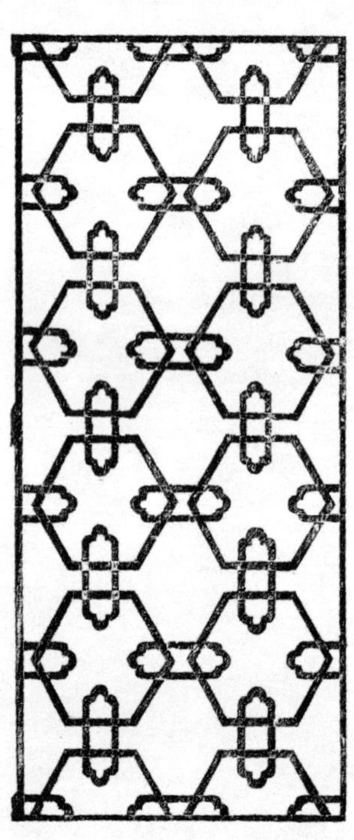

圖二—五十一

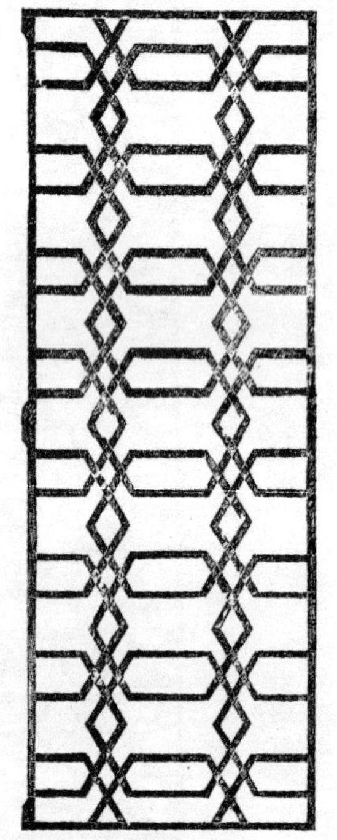

圖二一五十二

冰片式（圖二一五十二至五十五）

圖二一五十三　冰片式之二
圖二一五十四　冰片式之三
圖二一五十五　冰片式之四

圖二一五十三

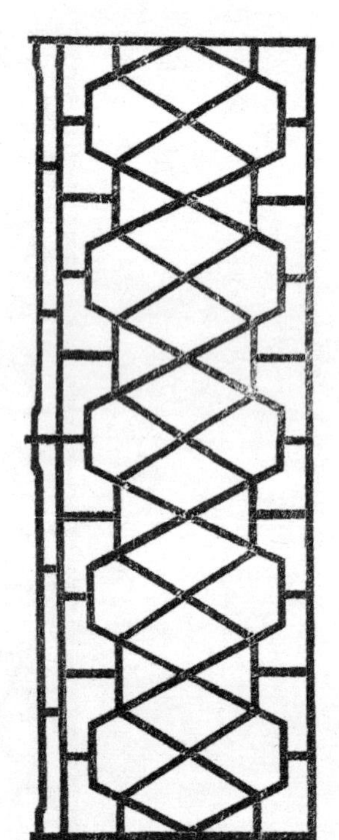
圖二一五十四

圖二一五十五

聯瓣葵花式（圖二一五十六至六十）

惟斯一料可做。

［釋文］

祇用這一種材料就可做。

圖二一五十六

圖二一五十七　聯瓣葵花式之二

圖二一五十八　聯瓣葵花式之三

圖二一五十七

圖二一五十八

圖二一五十九 聯瓣葵花式之四
圖二一六十 聯瓣葵花式之五

圖二一五十九

圖二一六十

尺欄式（圖二—六十一至七十六）

此欄置腰牆〔一〕用，或置床外。

［釋文］

這種欄杆可以放在腰牆上用，或是放在户外用。

［注釋］

〔一〕腰牆——指半截牆而言，凡視線不致受阻者，以用此式爲宜。

圖二一六十一 尺欄式之一
圖二一六十二 尺欄式之二
圖二一六十三 尺欄式之三
圖二一六十四 尺欄式之四

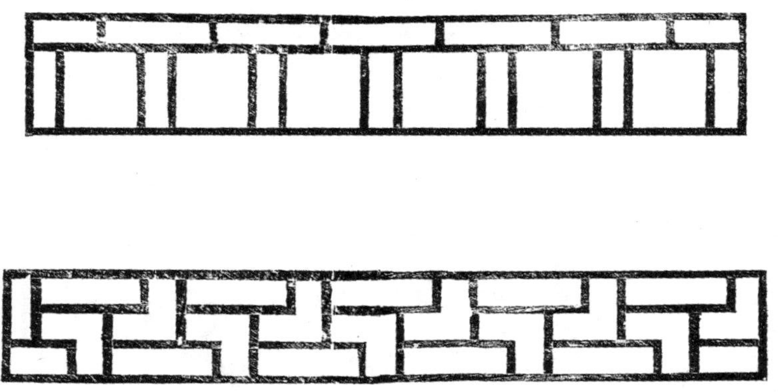

圖二一六十一

圖二一六十二

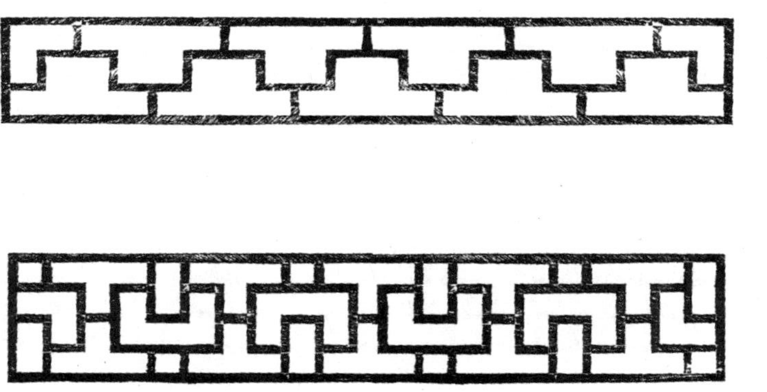

圖二一六十三

圖二一六十四

圖二一六十五　尺欄式之五
圖二一六十六　尺欄式之六
圖二一六十七　尺欄式之七
圖二一六十八　尺欄式之八

圖二一六十五

圖二一六十六

圖二一六十七

圖二一六十八

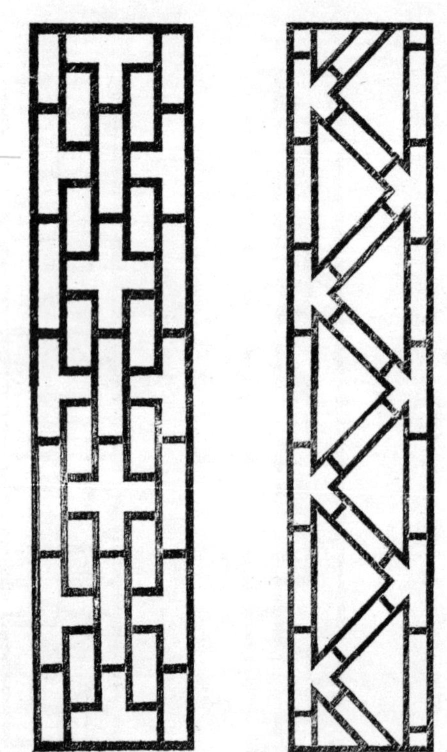

圖二一六十九 凡欄式之九
圖二一七十 凡欄式之十
圖二一七十一 凡欄式之十一
圖二一七十二 凡欄式之十二

圖二一六十九　圖二一七十

圖二一七十一　圖二一七十二

圖二一七十三 尺欄式之十三
圖二一七十四 尺欄式之十四
圖二一七十五 尺欄式之十五
圖二一七十六 尺欄式之十六

圖二一七十三

圖二一七十四

圖二一七十五

圖二一七十六

圖二一七十九 短欄式之三
圖二一八十 短欄式之四
圖二一八十一 短欄式之五
圖二一八十二 短欄式之六

圖二一八十一

圖二一八十二

圖二—七十九

圖二—八十

圖二一七十七　短欄式之一

圖二一七十八　短欄式之二

圖二一七十七

圖二一七十八

短欄式（圖二一七十七至九十三）

圖二一八十七　短欄式之十一
圖二一八十八　短欄式之十二

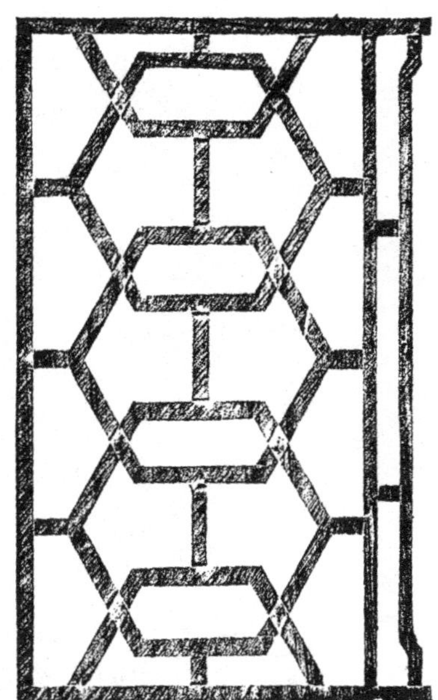

圖二一八十七

圖二一八十八

圖二一八十五

圖二一八十六

圖二一八十三 短欄式之七
圖二一八十四 短欄式之八
圖二一八十五 短欄式之九
圖二一八十六 短欄式之十

圖二一八十三

圖二一八十四

圖二一八十九 短欄式之十三

圖二一九十 短欄式之十四

圖二一八十九

圖二一九十

圖二一一九十一 短欄式之十五
圖二一一九十二 短欄式之十六
圖二一一九十三 短欄式之十七

圖二一一九十一

圖二一一九十二

圖二一一九十三

短尺欄式（圖二一九十四至一百）

圖二一九十四

圖二一九十五　短尺欄式二
圖二一九十六　短尺欄式三
圖二一九十七　短尺欄式四

圖二一九十五

圖二一九十六

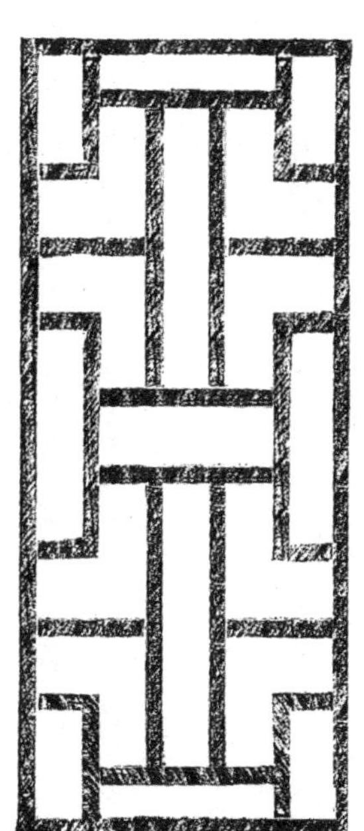

圖二一九十七

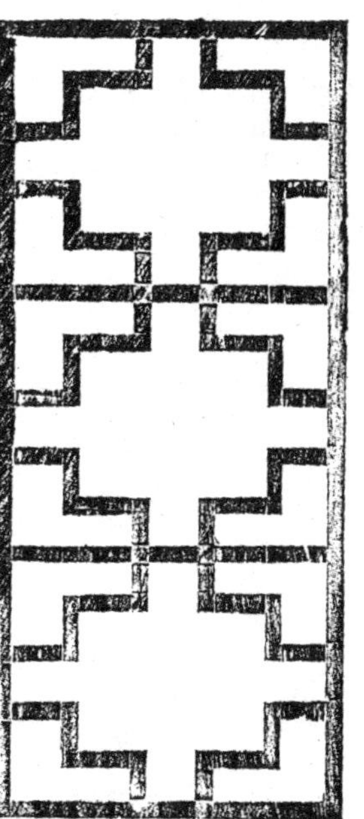

圖二一九十八　短尺欄式之五
圖二一九十九　短尺欄式之六
圖二一一百　短尺欄式之七

圖二一九十八

圖二一九十九

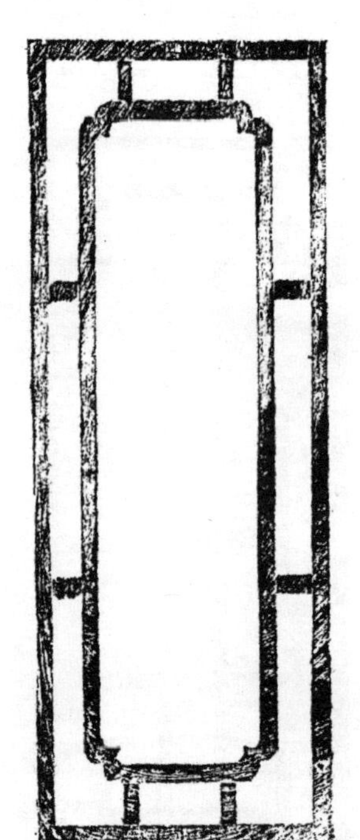

圖二一一百

欄杆諸式計一百樣。

留园↓

← 留園

卷三

六門窗

門窗磨空〔1〕，製式時裁〔2〕，不惟屋宇翻新，斯謂林園遵雅。工精雖專瓦作〔3〕，調度〔4〕猶在得人〔5〕。觸景生奇，含情多致；輕紗環碧〔6〕，弱柳窺青〔7〕。偉石迎人，別有一壺天地〔8〕；修篁弄影，疑來隔水笙簧〔9〕。佳境宜收，俗塵安到。切忌雕鏤門空〔10〕，應當磨琢窗垣；處處鄰虛，方方側〔11〕景。非傳恐失，故式存餘。

［釋文］

門窗的空洞框宕，須磨磚製成空框宕的式樣，要按照時式去裁製，不僅屋宇藉此翻成新樣，就是園林也可更加雅致。工作的精緻，雖可責成瓦匠，但全盤的安排，更需依靠能手。園內的景物，使人觸景頓生奇想，含情更添風致；紗窗外環繞碧水，柳樠間窺見青山。高峯面人而立，別有一番境界；修竹迎風招影，疑聞隔水樂聲。美景盡情羅致，俗氣怎麼能來！至于門洞，切忌雕刻，窗垣應當琢磨；窗前處處都向空曠，面面皆近景物。不予流傳，誠恐遭遇不測，特將存稿畫下圖來。

[注釋]

〔1〕磨空——「空」謂門、窗的空框宕；「磨」指琢磨。就是用磨製之磚拼鑲門窗的外框。《營造法原》：「蘇南凡走廊園庭之牆垣，闢有門宕，而不裝門户者，謂之『地穴』。牆垣上開有空宕，而不裝窗户者，謂之『月洞』。凡門户框宕，全用細清水磚做者，則稱『門景』。」

〔2〕時裁——「時」謂當時流行，「裁」卽裁製；「時裁」與今日的「時裝」、「時式」之意相似。

〔3〕瓦作——卽瓦匠。

〔4〕調度——含有安排之意。

〔5〕得人——獲得精于佈置工程的人選。

〔6〕環碧——此處的「碧」字可作碧水、綠野解。

〔7〕窺青——此處的「青」字可作青山或青天、青雲解。

〔8〕壺中天地——見裝折注〔10〕。

〔9〕笙簧——按簧爲笙中的發聲器，指風吹竹聲，發聲似笙簧而言。

〔10〕門空——卽門洞，蘇南稱爲「地穴」。

〔11〕側——作「旁」解，有靠近之意。

方門合角式（圖三一一）

磨磚方門，凭匠俱做叄門〔1〕，磚上過門〔2〕石，或過門枋者。今之方門，將磨磚用木栓〔3〕栓住，合角〔4〕過門于上，再加之過門枋，雅致可觀。

［釋文］

過去用磨磚砌的方門，總是任凭匠人做成卷門，在磚上另安過門石，或過門枋。現在方門的結構，在門上安過門枋；又于枋的兩側及底部，包以水磨磚，用木栓栓在枋上，並令兩側與底部之磚，在轉角部分，作成合角榫，樣子雅致可觀。

［注釋］

〔1〕參門——舊本作「劵門」，明版本作「叄門」，疑有誤。

〔2〕過門——橫架門上之意。爲了承載上部牆身重量，必須用料加施其上。其中石製的稱「過門石」，木製的稱「過門枋」；今稱「門窗過梁」。

〔3〕木栓——木釘。橫貫曰栓。《類篇》：「栓者，貫物也。」

〔4〕合角——在轉角處，作四十五度的合角榫。

圖三一一　方門合角式

圖三一一

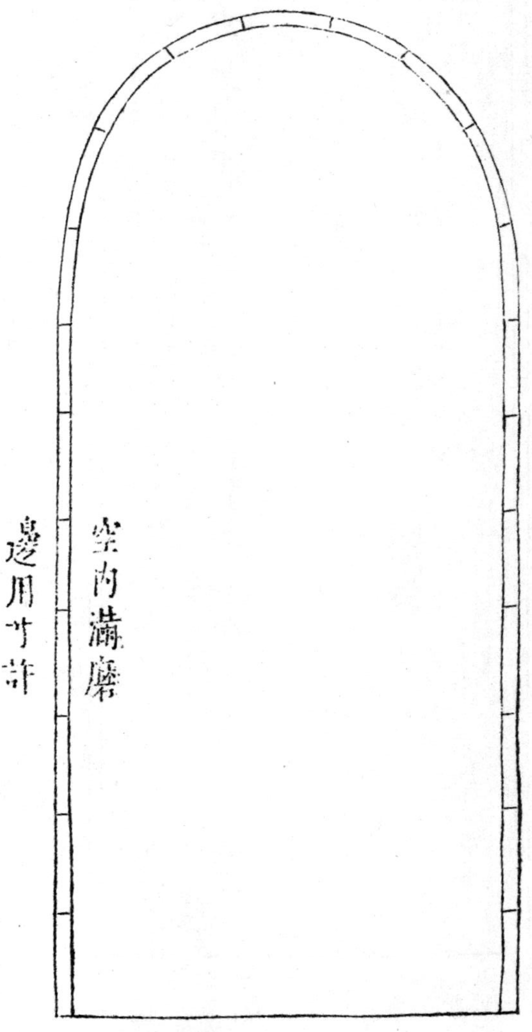

圖三—二

圈門〔1〕式（圖三—二）

凡磨磚門窗，量牆之厚薄，校磚之大小，內空〔2〕須用滿磨〔3〕，外邊衹可寸許，不可就磚。邊外或白粉或滿磨可也。

［釋文］

大凡砌磨磚的門窗，必先量牆的厚薄，測磚的大小，因圈內的磚面露出，故須全用水磨磚，但圈的外框，衹能厚達寸許，方能顯得優美，若磚稍厚，應酌量削薄，不可遷就。邊框以外部分，或抹石灰，或全砌水磨磚亦可。

［注釋］

〔1〕 圈門——與券門同。
〔2〕 內空——圈門門洞內緣之意。
〔3〕 滿磨——全用水磨的磚頭。

上下圈式（圖三—三）

這種門窗的中空部分，不上門檔，下用石基，框的邊緣皆用皮條邊（如圖），邊緣外爲粉牆。

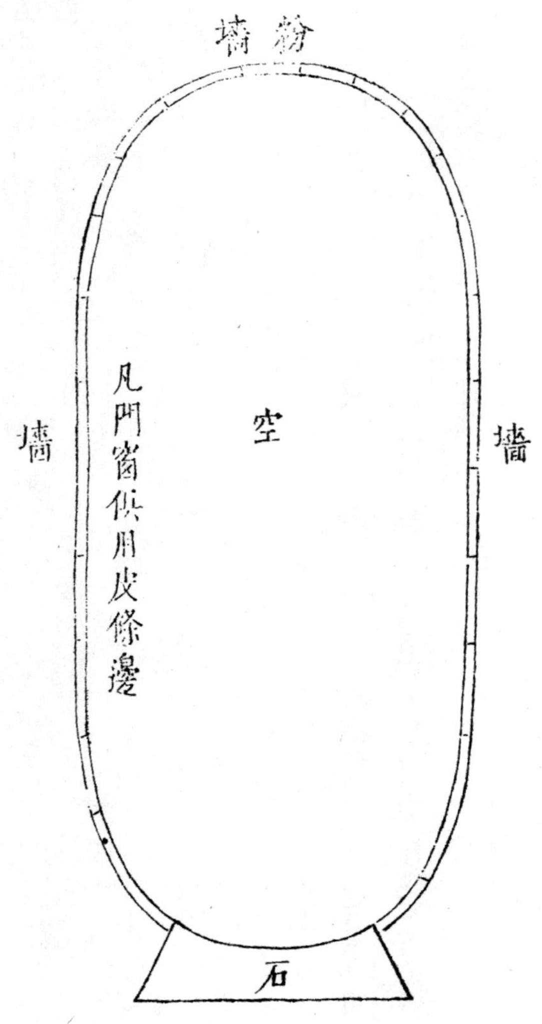

圖三—三

圖三—三　上下圈式

圖三一四　入角式

圖三一四

入角式（圖三一四）

長八方式（圖三一五）

圖三一五

圖三一五　長八方式

圖三一六 執圭式

圖三一六

執圭式（圖三一六）

葫蘆式（圖三—七）

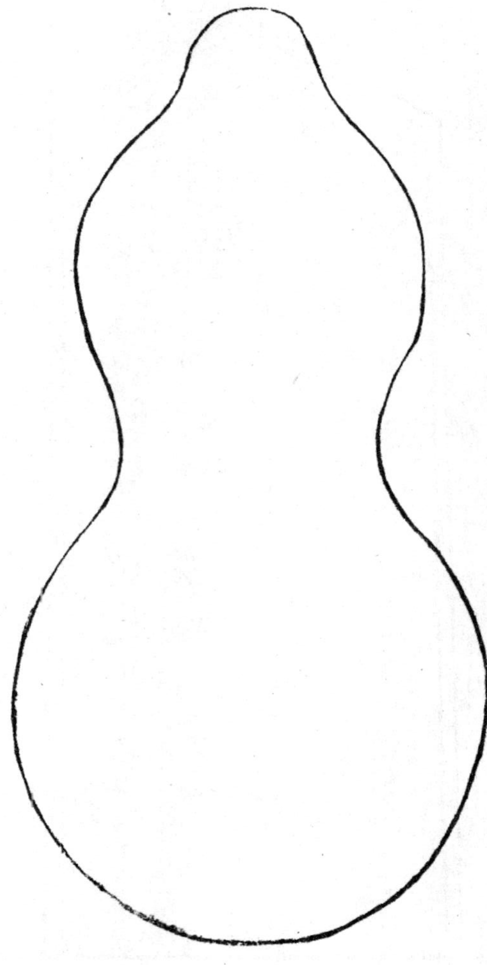

圖三—七　葫蘆式

圖三—七

圖三一八

蓮瓣式（圖三一八）

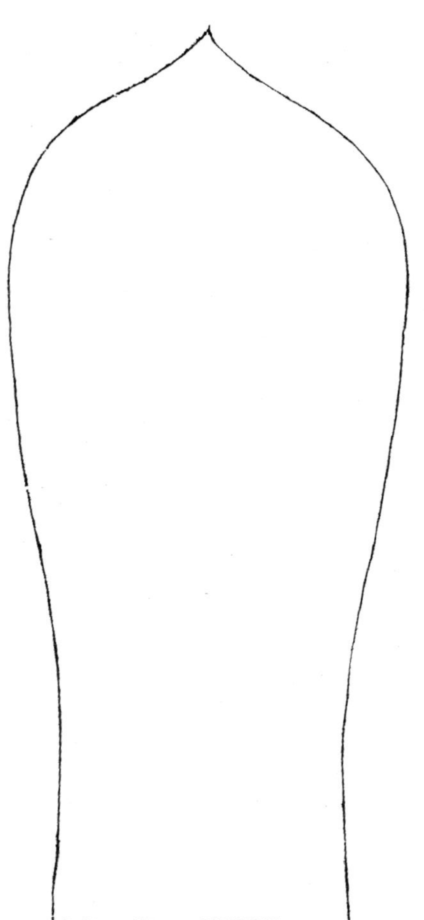

圖三一九

如意式（圖三一九）

貝葉式（圖三一十）

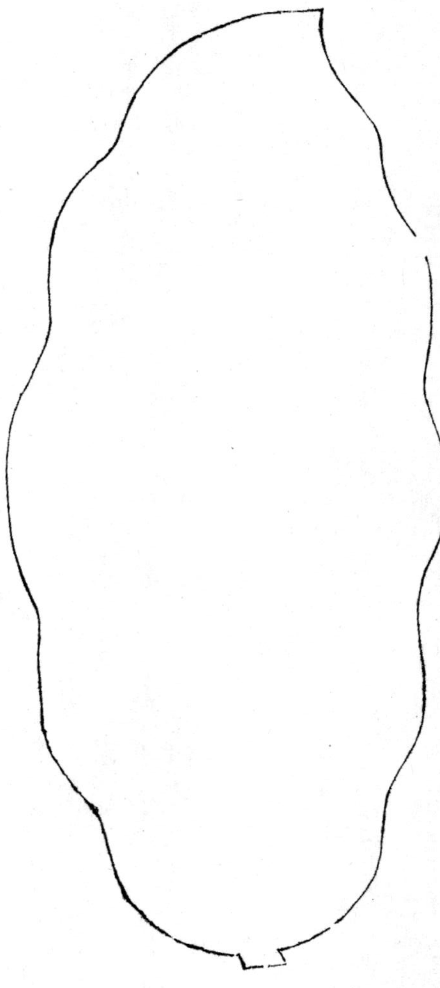

圖三一十

圖三一十　貝葉式

蓮瓣〔1〕、如意〔2〕、貝葉〔3〕，斯三式宜供佛所用。

［釋文］

蓮瓣、如意、貝葉三式門窗，適于供佛之用。

［注釋］

〔1〕蓮瓣——指仿照蓮花瓣形而砌成之圈門而言。

〔2〕如意——器物之名。原出于印度，柄端作手指形或心字形，骨、角、竹、木、玉、石、銅、鐵等皆可製成，長三尺許，爲講道僧持之用以記文者。近世如意長僅一、二尺，柄端都製成芝形、雲形，取其名稱吉祥，作爲供玩之用。此處指仿照如意形製成的圈門而言。

〔3〕貝葉——按貝與梖同，樹名。《酉陽雜俎》稱：「貝多樹」。《本草綱目》稱：「樹頭棕」。屬棕櫚科，非洲原産，雲南南部及印度、緬甸、斯里蘭卡，均有栽植。其葉可用以寫經，所謂「貝葉經」是也。此處指製成貝葉狀的圈門而言。

劍環式（圖三十一）

圖三十一

圖三—十二

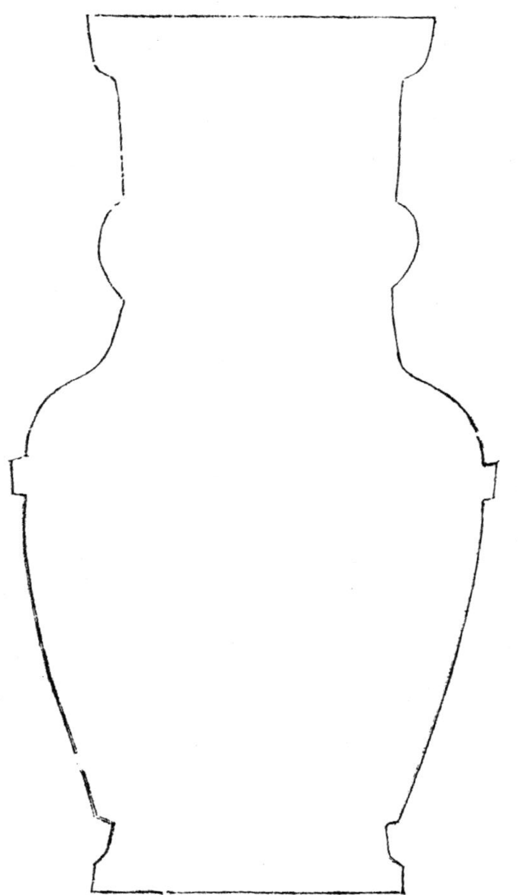

漢瓶式（圖三—十二至十五）

圖三—十三　漢瓶式之二

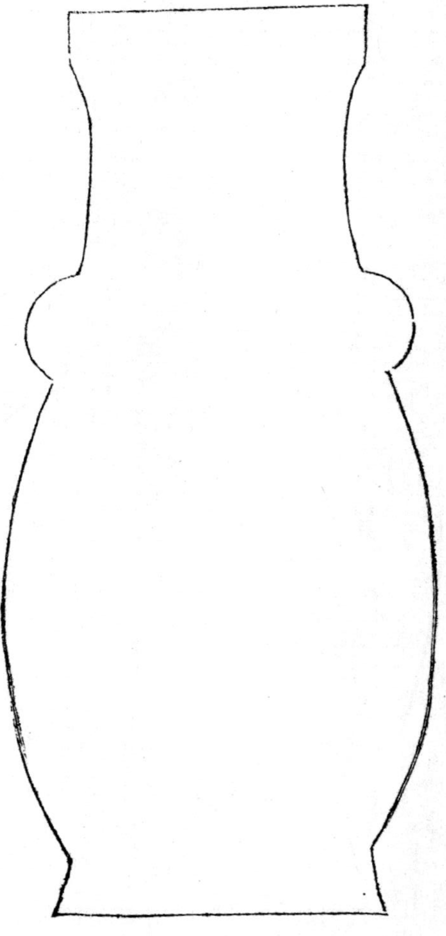

圖三—十三

圖三一十四　漢瓶式之三

圖三一十四

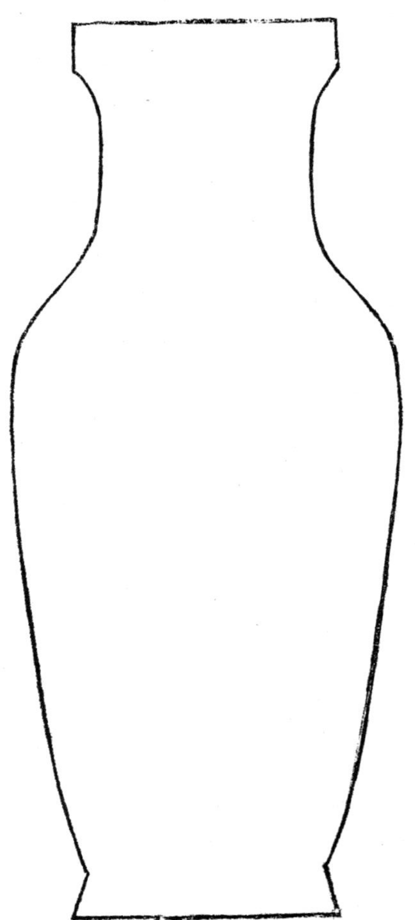

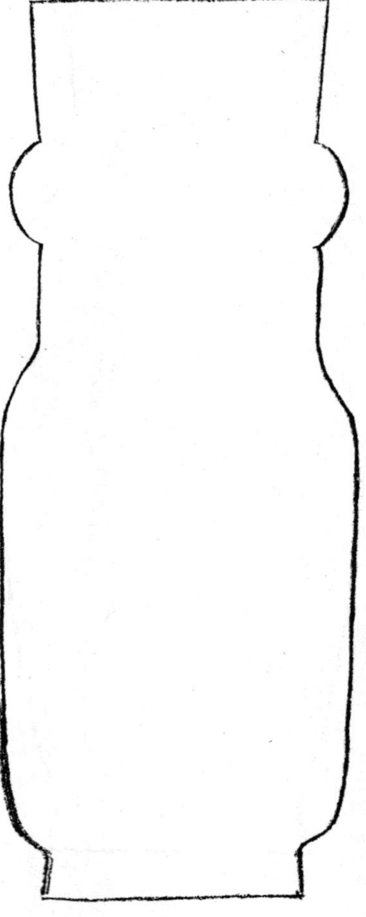

圖三-十五 漢瓶式之四

圖三-十五

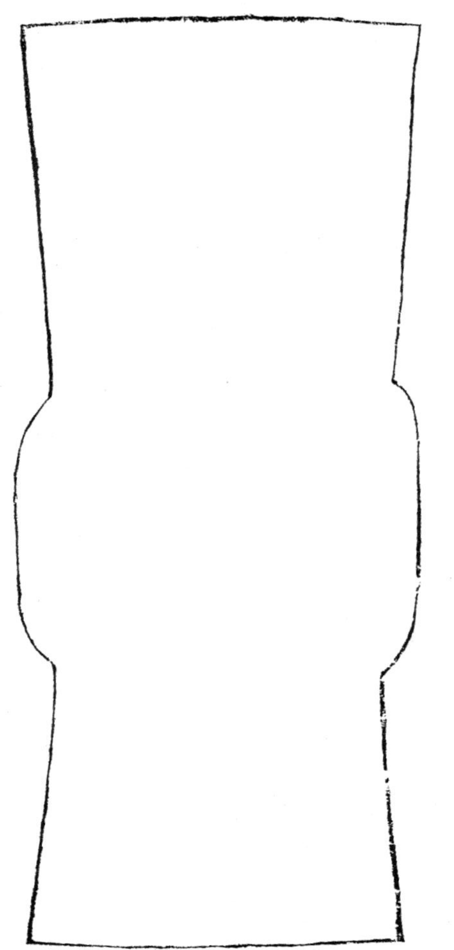

花觚式（圖三—十六）

蓍草瓶式（圖三一十七）

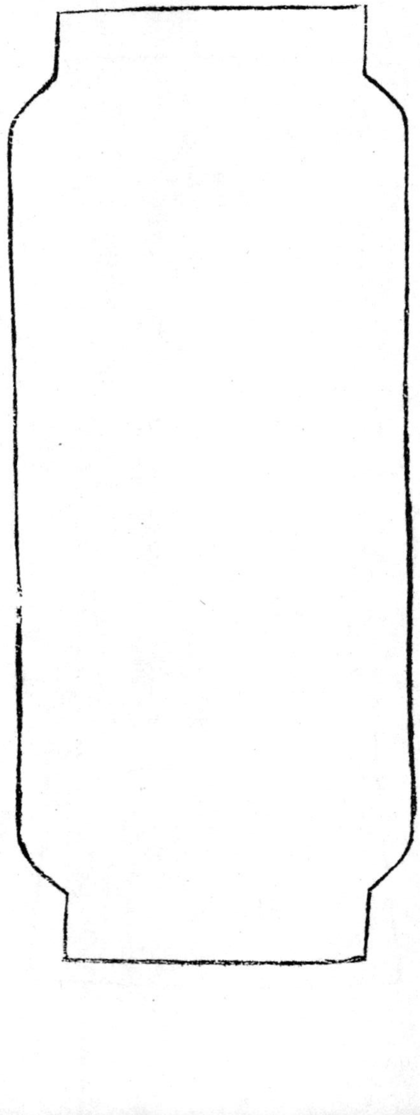

圖三一十八

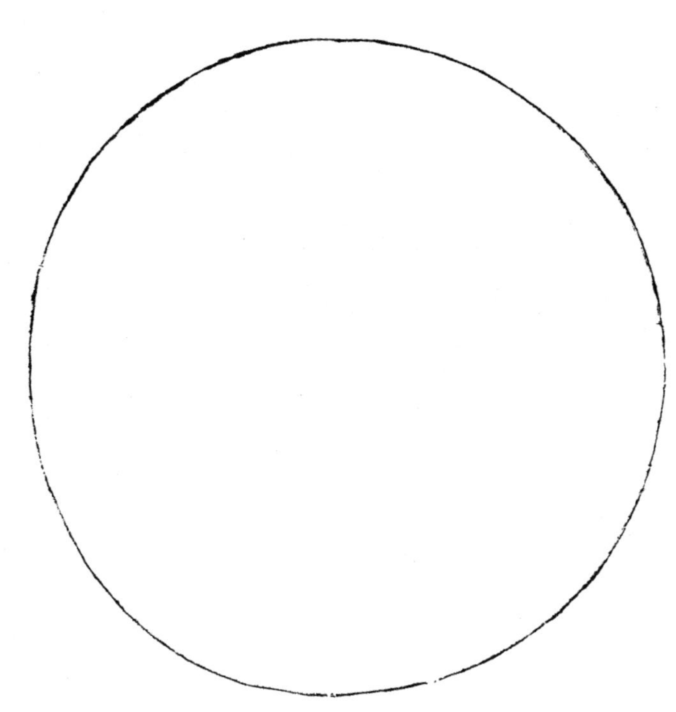

月窗式（圖三一十八）

大者可爲門空。

圖三十九　片月式

圖三十九

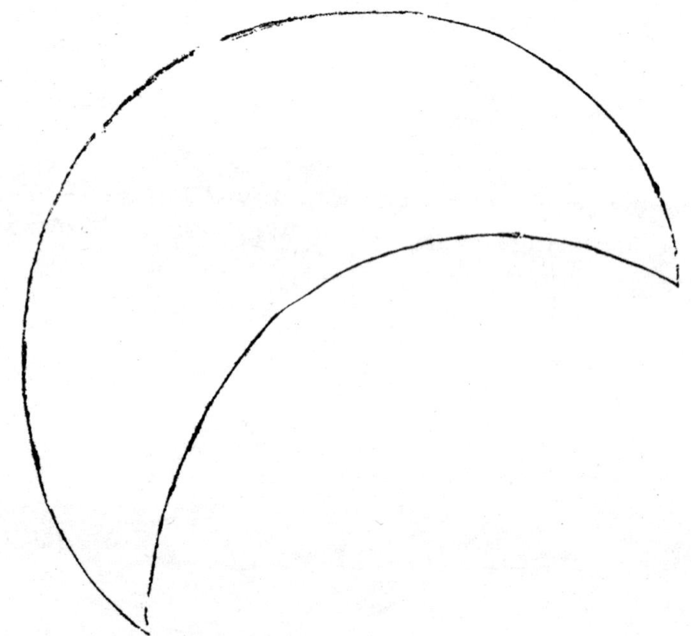

片月式（圖三十九）

圖三—二十　八方式

圖三—二十

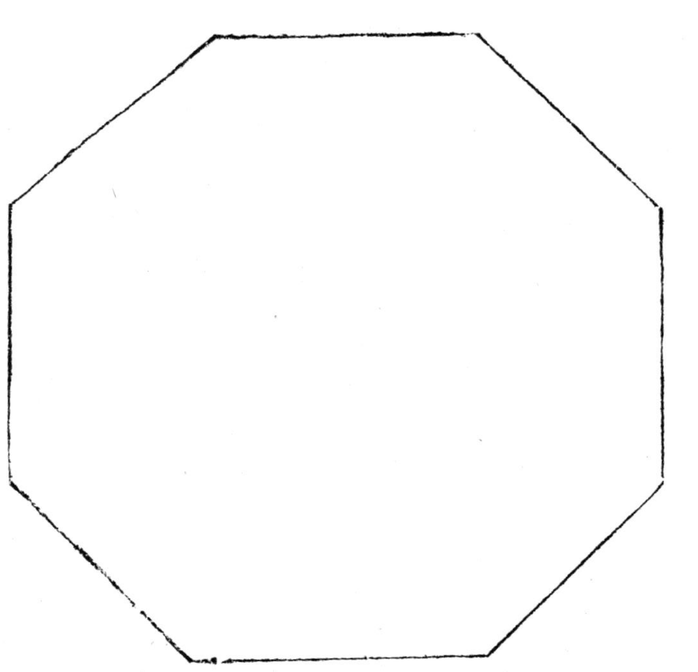

八方式（圖三—二十）

斯亦可門空。

六方式（圖三—二十一）　菱花式（圖三—二十二）

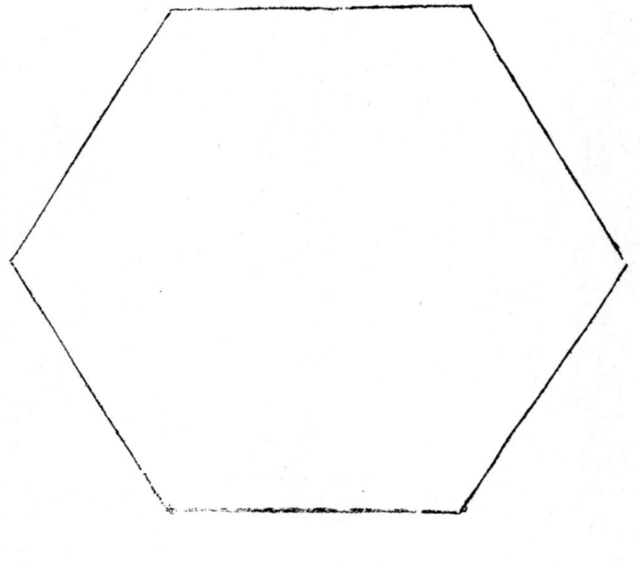

圖三—二十一

圖三—二十二

圖三—二十一　六方式
圖三—二十二　菱花式

圖三—二十三　如意式
圖三—二十四　梅花式

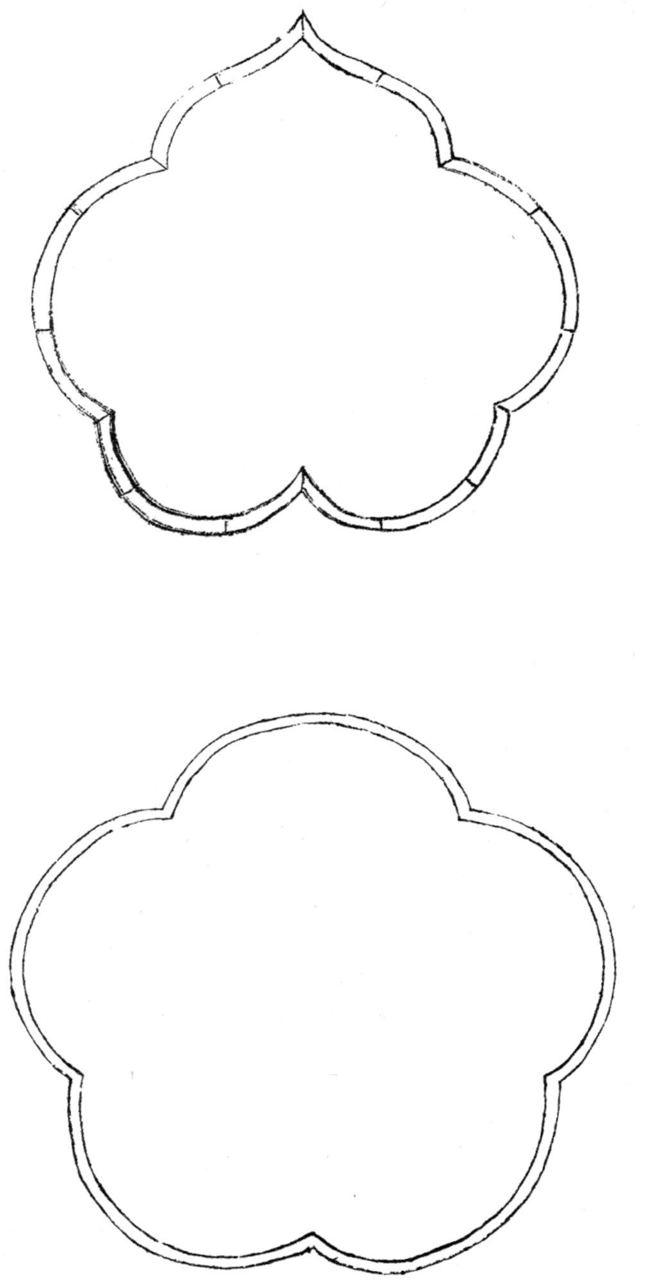

如意式（圖三—二十三）　梅花式（圖三—二十四）

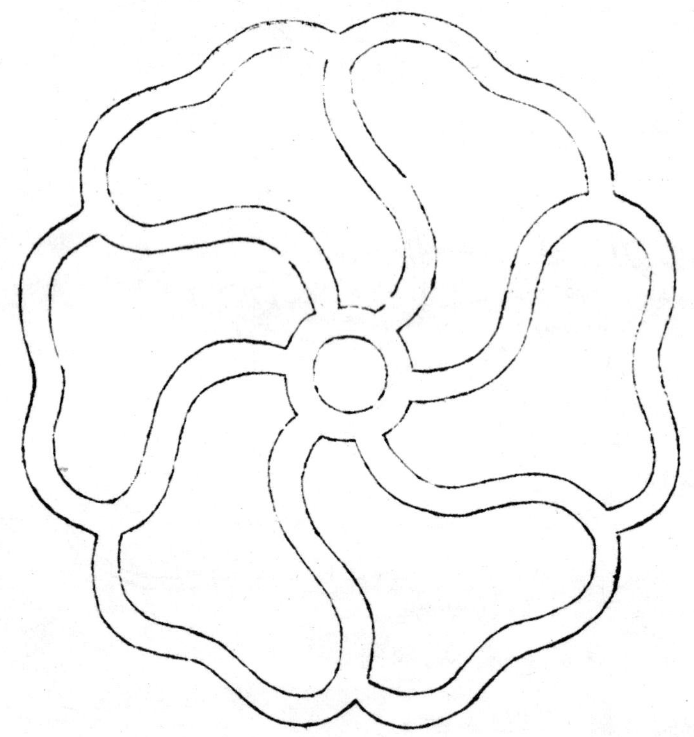

葵花式（圖三一二十五）

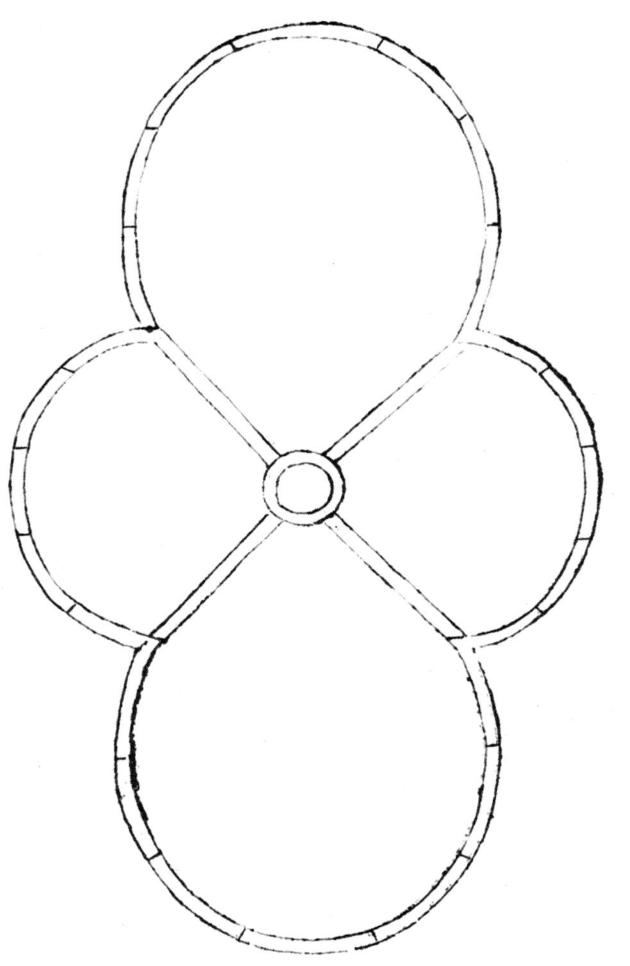

海棠式（圖三—二十六）

鶴子式（圖三—二十七）

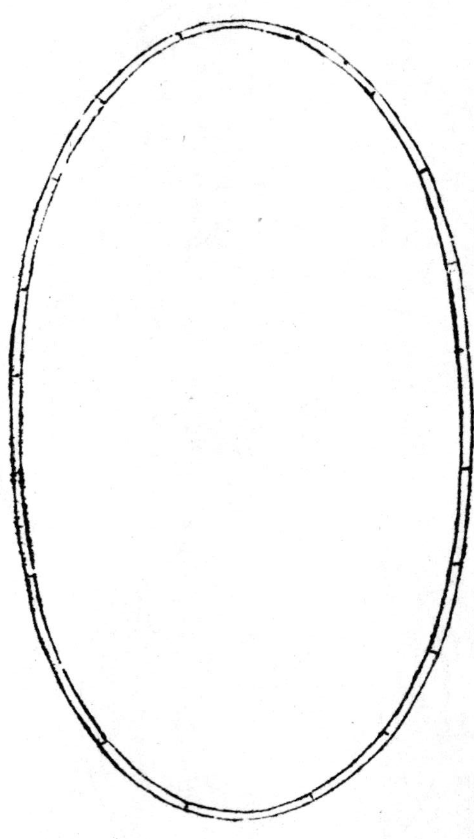

圖三—二十七　鶴子式

圖三—二十七

圖三一二十八

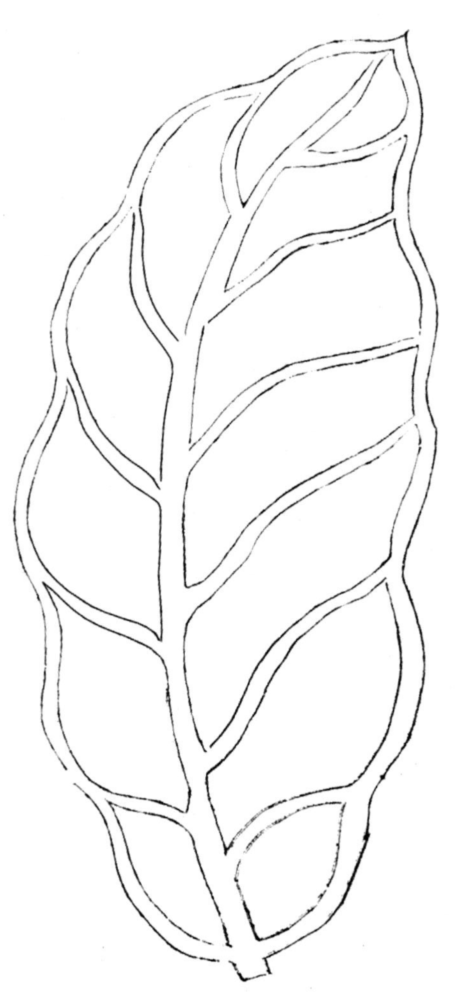

貝葉式（圖三一二十八）

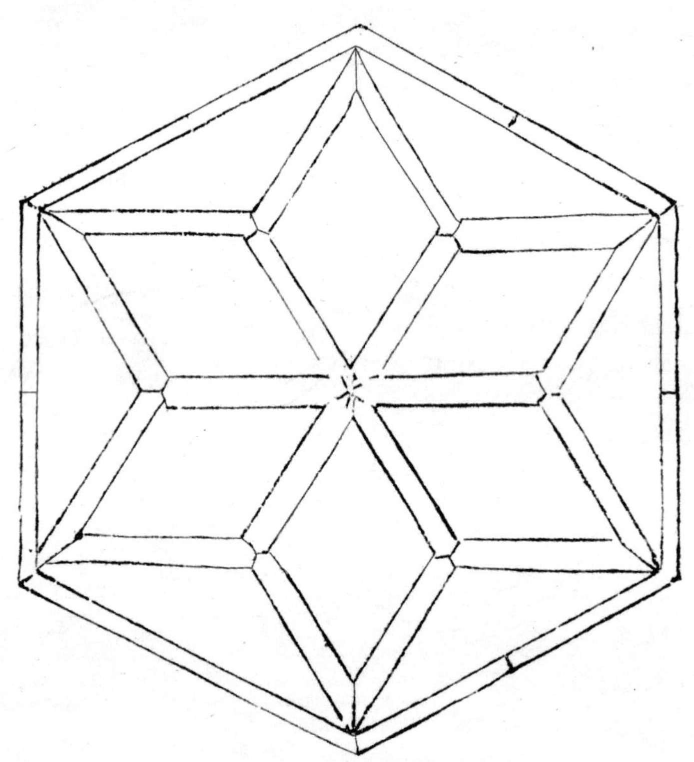

六方嵌梔子式（圖三—二十九）

圖三—三十

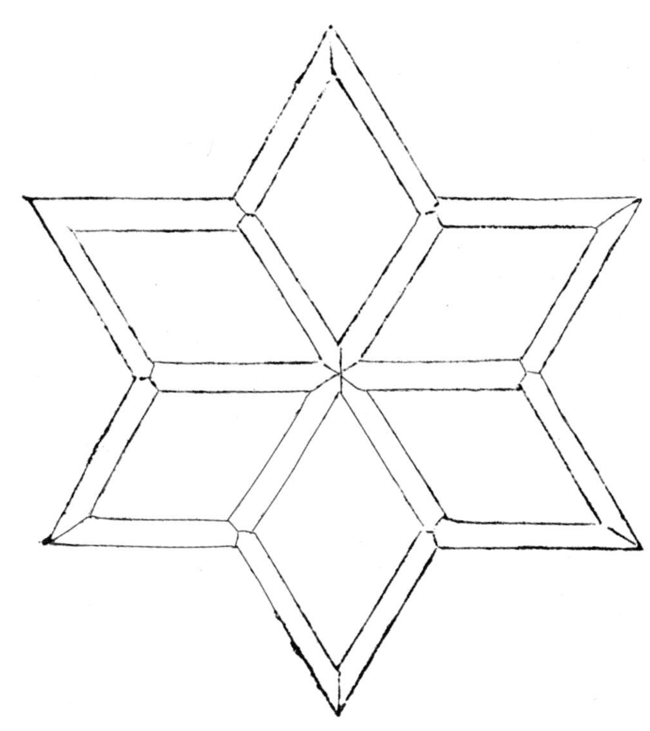

梔子花式（圖三—三十）

罐式（圖三—三十一）

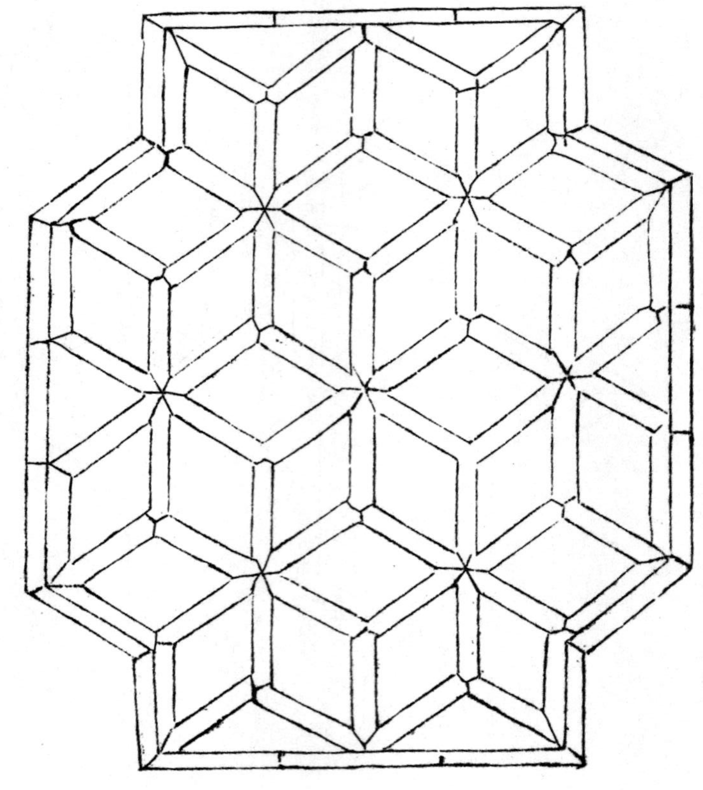

圖三—三十一 罐式

圖三—三十一

七 牆垣

凡園之圍牆，多于〔1〕版築，或于石砌，或編籬棘〔2〕。夫編籬斯勝花屏〔3〕，似多野致〔4〕，深得山林趣味〔5〕。如内花端、水次〔6〕、夾徑、環山之垣，或宜石宜磚，宜漏宜磨，各有所製。從雅遵時，令人欣賞，園林之佳境也。歷來牆垣，凭匠作雕琢花鳥仙獸，以爲巧製，不第林園之不佳，而宅堂前〔7〕之何可也。雀巢可憎，積草如蘿〔8〕，祛之不盡，扣之則廢〔9〕，無可奈何〔10〕者。市俗村愚之所爲也，高明〔11〕而慎之。世人興造，因基之偏側〔12〕，任而造之。何不以牆取頭闊頭狹〔13〕，就〔14〕屋之端正，斯匠主之莫知也。

〔釋文〕

一般庭園圍牆，多用土造，或用石砌，或栽植有刺的植物，編成緑籬。緑籬較花屏爲佳，因饒自然風致，深得山林雅趣。假如園内的花前、水邊、路旁和環山的圍牆，或宜石疊，或宜磚砌，或宜花牆，或宜磨磚，材料、方法各有不同。總以式樣雅致合時，令人欣賞，纔是庭園的優美環境。向來的牆垣，全凭工匠雕成花草、禽鳥、神仙、怪獸，以爲製作精巧，非但在庭園中欠佳，既使在宅堂前也是不可用的。這種牆垣，常引麻雀營巢，聒噪可厭，雜草叢生，高掛如蘿；除之不能盡，擊之則易損，真是使人無法對付！這都是庸俗人們的做法，有見識的人應加注意。一般人建築牆垣，多隨基地的偏側，凭地形的局限來興造。何不砌墻採取一頭寬一頭狹的形式，以保證房屋的端正；但這是一般的工匠和園主人所不能理解的。

［注釋］

〔1〕于——以也。《詩．豳風．七月》：「晝爾于茅。」箋：「汝常晝日往取茅。」亦作「以」解。

〔2〕編籬棘——棘卽酸棗，或作有刺植物解。田園周圍，常植酸棗，以作綠籬。枸橘、馬甲子、金剛纂、刺竹等有刺植物，各地皆有供綠籬材料用者。

〔3〕花屏——指栽植花木，構成之花架或花籬等而言。

〔4〕野致——言有野樸的風致之意。

〔5〕趣味——作興趣解。《水心題跋》：「怪偉伏平易之中，趣味在言語之外。」

〔6〕花端水次——卽花前水傍之意。

〔7〕前——各版本均作「前」，按《喜詠軒叢書》本作「用」，似誤。

〔8〕如蘿——猶言雜草叢生，好像藤蘿覆蓋一樣。

〔9〕廢——按物之毀壞無用者曰「廢」。此處指牆言，則有倒塌之意。

〔10〕無可奈何——按「奈何」意謂「怎麼辦？」「無可奈何」就是没有方法可以處理之意。

〔11〕高明——有見識的人。

〔12〕偏側——作不正和狹仄解。

〔13〕頭闊頭狹——當地形不正時，爲保證房屋的端正，而牆不妨一頭寬一頭狹。換言之，牆垣應遷就房屋，而房屋不應遷就牆垣。

〔14〕就——作從或遷就解。

（一）白粉牆

歷來粉牆，用紙筋〔1〕石灰；有好事〔2〕取其光膩，用白蠟〔3〕磨打者。今用江湖中黄沙，並上好石灰少許打底，再加少許石灰蓋面，以麻箒〔4〕輕擦，自然明亮鑑人。倘有污積〔5〕，遂可洗去，斯名「鏡面牆」〔6〕也。

［釋文］

歷來粉墻，都用紙筋與石灰調和粉刷；也有愛好講究的人，取其光滑細膩，先塗上白蠟，再來磨光打平的。現在用江湖中的黃沙，加上一些質量良好的石灰打好底子，上面再塗一些石灰，用麻箒輕輕刷上，自然光亮照人。假使髒了，即可清除，這叫做「鏡面牆」。

［注釋］

〔1〕紙筋——用以與石灰拌和的粗草紙，一般謂之「紙筋」。即今日造紙原料之半成品式的「紙漿」之一種。

〔2〕好事——《孟子·萬章》：「好事者爲之」。原作「好時」，按明版本改正，此處作愛好講究解。

〔3〕白蠟——白蠟蟲的分泌物，可以潤物使之發光。白蠟蟲寄生于女貞樹上，四川、貴州所產尤富。

〔4〕麻箒——謂以麻紮成之刷箒，亦有以稻草紮成者。現今粉牆則一般多改用排筆粉刷，以利均勻。

〔5〕污積——疑爲「污漬」之誤。

〔6〕鏡面牆——爲一種光亮牆之專稱，即按上法所製成者。

（二）磨磚牆

如隱門〔1〕照牆〔2〕、廳堂面牆〔3〕，皆可用磨或〔4〕方磚弔角〔5〕；或方磚裁成八角嵌小方；或磚一塊間半塊，破花〔6〕砌如錦樣。封頂用磨掛方飛簷〔7〕磚幾層，雕鏤花鳥仙獸不可用，入畫意者少。

［釋文］

如遮隱大門用的影壁，或廳堂前的面牆，皆可用水磨或方磚來斜向貼面；或是將方磚裁成八角拼合，其空處嵌以小方磚；或一塊間夾着半塊，按碎花形式砌成雲錦的式樣。在封頂處，則用水磨方形的飛簷磚砌上幾層；雕刻花、鳥、仙、獸的做法，切不可用，因爲這種庸俗的式樣，很少能有畫意的。

［注釋］

〔1〕　隱門——遮隱大門。

〔2〕　照牆——亦稱「照壁」或「影壁」，在大門內者，稱「內照壁」。舊日衙署、廟宇和官僚、地主之家的大門

前多用之。

〔3〕 面牆——亦稱「看面牆」，乃面對廳堂之牆。蘇南匠師稱正面爲「看面」。

〔4〕 或——原本作「成」，按明版本改正。

〔5〕 弔角——用磚貼面成斜方形者，即上下角皆在中線上，故云「弔角」。

〔6〕 破花——即碎花，謂砌時用以鋪成花樣，蓋非用單純一種方式砌成之意。

〔7〕 飛簷——簷口翹起的部分。

（三） 漏磚牆〔1〕

凡有觀眺處築斯，似避外隱内〔2〕之義。古之瓦砌連錢、疊錠、魚鱗〔3〕等類，一概屏之，聊式幾于左。

［釋文］

凡有可以眺望之處，都可以築成這種牆，因爲這種牆好像有避外隱内的意義。古代用瓦砌成的連錢、疊錠、魚鱗等式，一概不用，略繪數式如下。

〔注釋〕

〔1〕漏磚牆——亦稱漏明牆，蘇州、上海一帶通稱「花牆洞」。北方稱「花磚牆」或「透空磚牆」。

〔2〕避外隱内——指牆上砌有透孔，既可避免外人的窺視，又可蔽隱園内的景觀而言。

〔3〕連錢、疊錠、魚鱗——連錢：指兩個或是多數圓線相聯結的花紋。疊錠：指以銀錠相疊結的花紋。魚鱗：指其連綴似魚鱗的花紋而言。以上三種，都是在矮牆上部，空砌成孔，以資透視的花樣。

漏磚牆圖式（圖三—三十二至四十七）

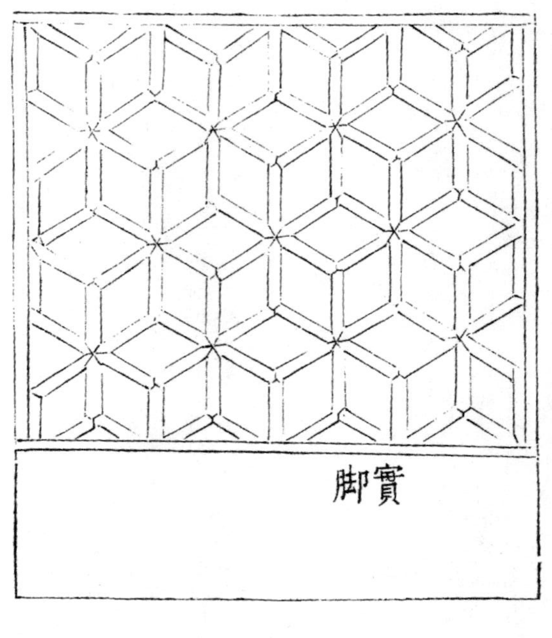

圖三—三十二

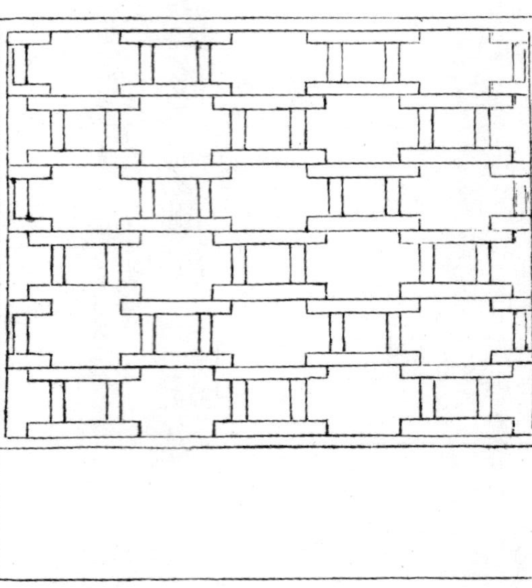
圖三—三十三

圖三—三十二　漏磚牆圖式之一（菱花漏牆式）
圖三—三十三　漏磚牆圖式之二（緣環式）

圖三一三十四　漏磚牆圖式之三
圖三一三十五　漏磚牆圖式之四（竹節式）

圖三一三十四

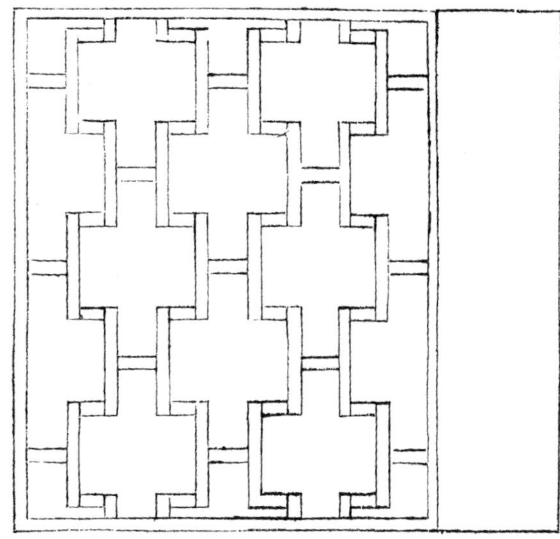

圖三一三十五

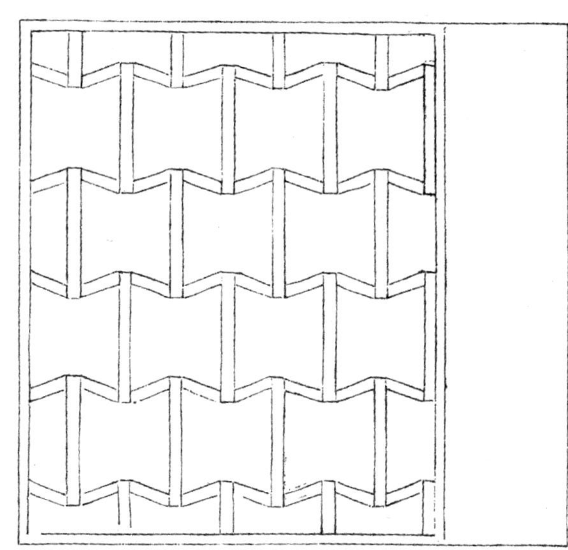

圖三—三十六 漏磚牆圖式之五（人字式）

圖三—三十七 漏磚牆圖式之六

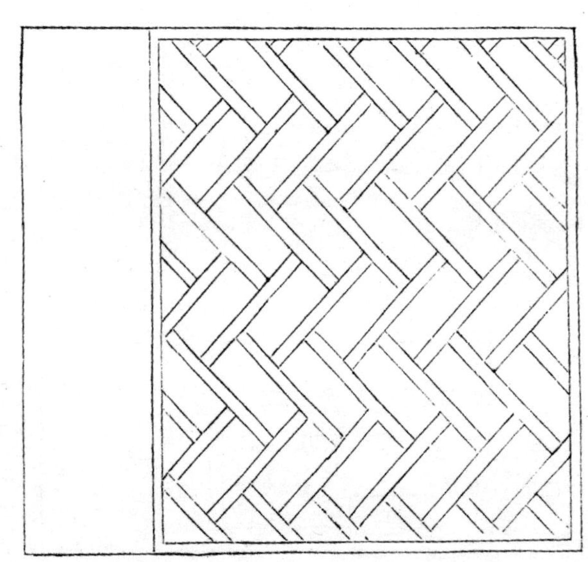

圖三—三十六

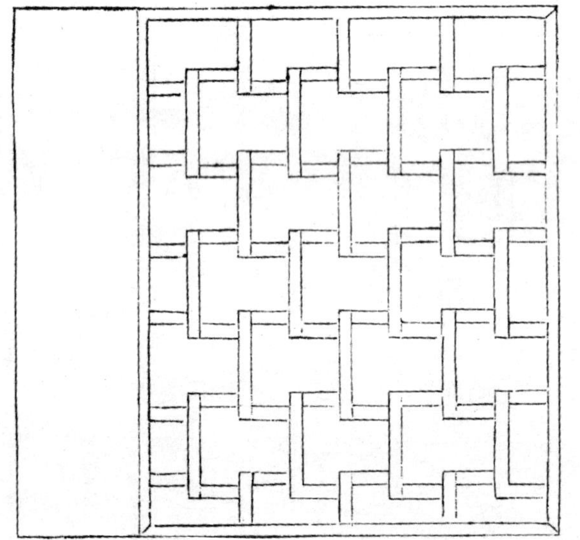

圖三—三十七

圖三一三十八　漏磚牆圖式之七
圖三一三十九　漏磚牆圖式之八

圖三一三十八

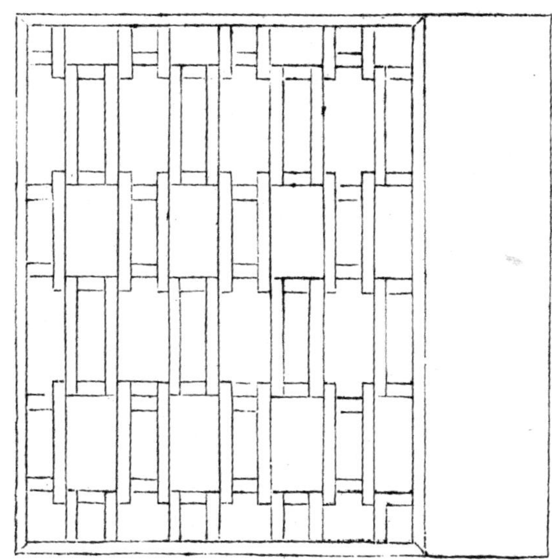

圖三一三十九

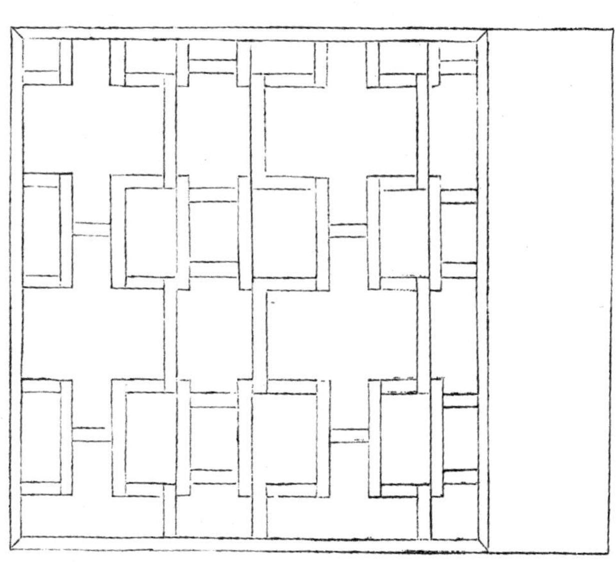

圖三一四十　漏磚牆圖式之九

圖三一四十一　漏磚牆圖式之十

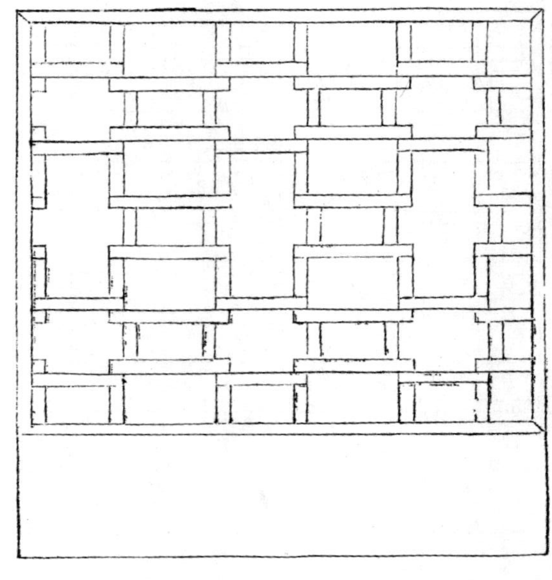

圖三一四十

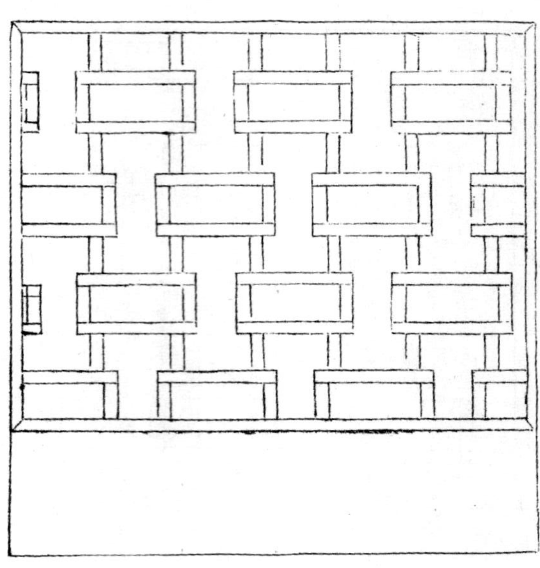

圖三一四十一

圖三一四十二 漏磚牆圖式之十一
圖三一四十三 漏磚牆圖式之十二

圖三一四十二

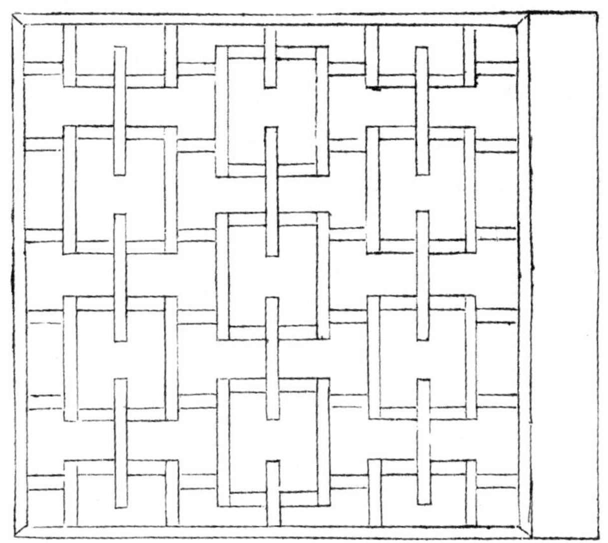

圖三一四十三

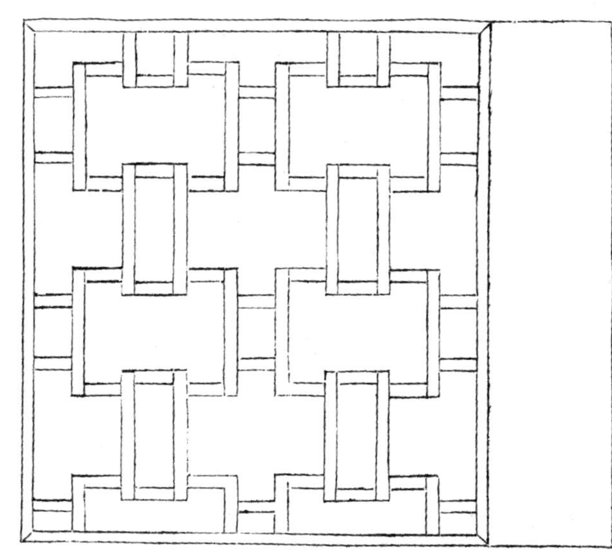

圖三一四十四 漏磚牆圖式之十三
圖三一四十五 漏磚牆圖式之十四

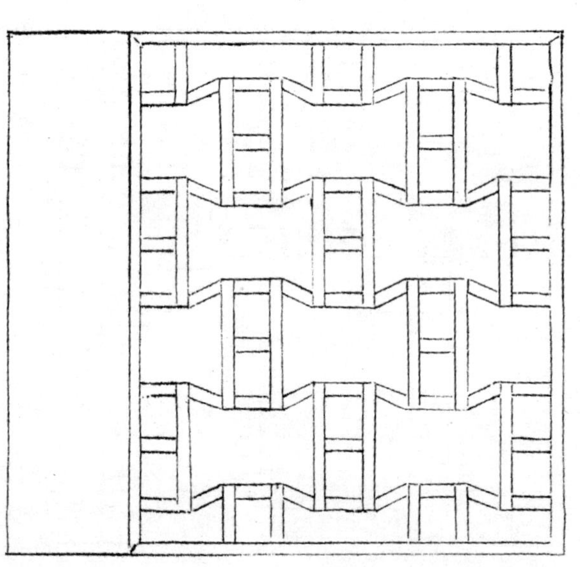
圖三一四十四

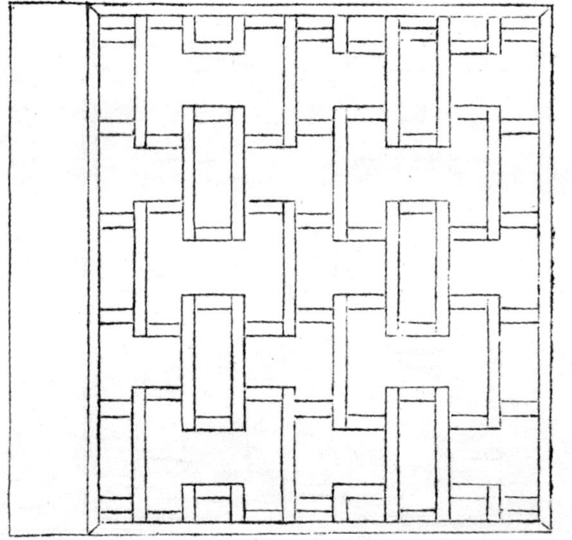
圖三一四十五

圖三一四十六 漏磚牆圖式之十五
圖三一四十七 漏磚牆圖式之十六

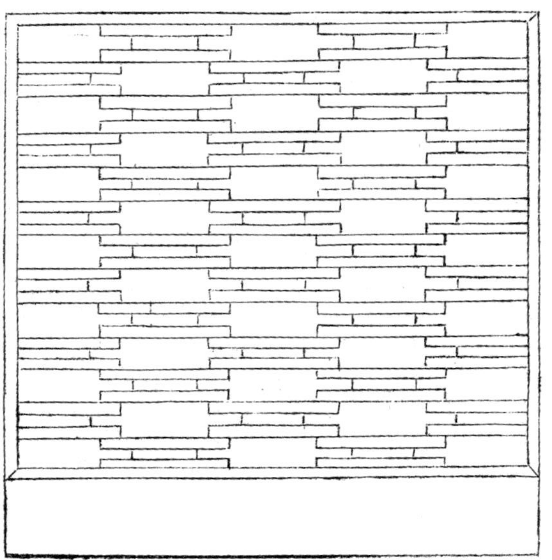
圖三一四十六

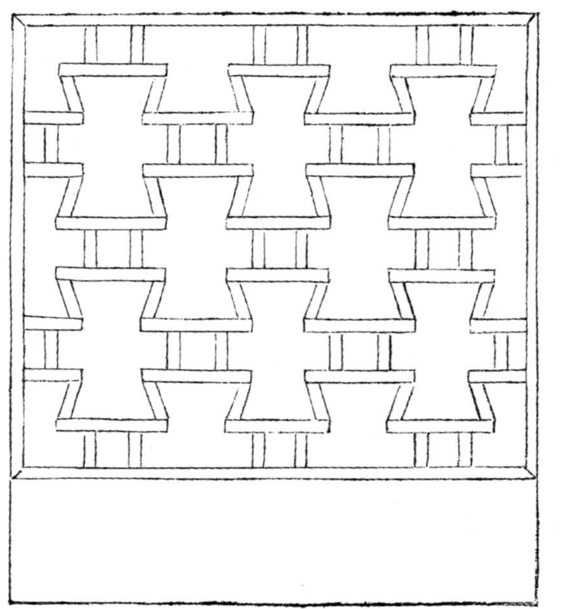
圖三一四十七

漏磚牆〔1〕，凡計一十六式，惟取其堅固：如欄杆式中亦有可摘砌者。意不能盡，猶恐重式。宜用磨砌〔2〕者佳。

［釋文］

漏磚牆，共計十六種式樣，祇取其堅固而已；像欄杆式中也有可以採取的。這裏不能盡收，恐怕式樣重複。這種牆以用磨磚砌成者爲最好。

［注釋］

〔1〕漏磚牆——明版本作「漏明牆」，爲漏磚牆之別名，爲求統一起見，特加以更改。蘇州、上海一帶通稱「花牆洞」。

〔2〕磨砌——指前列的磨磚砌牆法。

（四） 亂石牆〔1〕

是亂石皆可砌，惟黄石者佳。大小相間〔2〕，宜雜假山之間。亂青石版用油灰〔3〕抿〔4〕縫，斯名「冰裂」〔5〕也。

［釋文］

凡是亂石，皆可砌成這種牆。所用亂石，以黄石爲最佳。砌時，大小石相互間隔，適于雜在假山之間。用青亂石版砌牆，要用油灰來勾縫，這種叫做「冰裂牆」。

［注釋］

〔1〕 亂石牆——原書列于圖式之前（明版本亦列于圖之前），今加以更正如上。
〔2〕 大小相間——用大小亂石，相互間隔而砌之意。
〔3〕 油灰——由石灰與桐油調合製成。
〔4〕 抿——作合解，合嘴俗稱「抿嘴」。
〔5〕 冰裂——用亂石砌牆，以石料大小形狀不一，外形似冰裂，故名。

八　鋪地

大凡砌地鋪街，小異花園住宅。惟廳堂廣廈〔1〕中鋪，一概磨磚，如路徑盤蹊，長砌多般亂石，中庭〔2〕或宜疊勝〔3〕，近砌亦可回文〔4〕。八角嵌方〔5〕，選鵞子鋪成蜀錦〔6〕。層樓出步〔7〕，就花梢〔8〕琢擬秦臺〔9〕。錦線瓦條，臺全石版。吟花席地，醉月鋪氈。廢瓦片也有行時，當湖石削鋪〔10〕，波紋洶湧〔11〕；破方磚可留大用，繞梅花磨鬭〔12〕，冰裂〔13〕紛紜。路徑尋常，階除脫俗。蓮生襪底〔14〕，步出個中來；翠拾林深〔15〕，春從何處是。花環窄路偏宜石，堂迴〔16〕空庭須用磚。各式方圓，隨宜〔17〕鋪砌，磨歸瓦作〔18〕，雜用鈎兒〔19〕。

［釋文］

大凡砌地鋪街，與花園住宅略有不同。祇有廳堂大廈當中鋪地一律磨磚；如小徑彎路，長形可砌多種亂石，庭中或鋪成疊勝，近階也可用回文。在砌成的八角嵌方路綫圖案中，填充鵞卵、塊石，宛同蜀錦。層樓前雕琢出步，就花梢看去，仿彿秦臺。線條以瓦片砌成，臺面以石板鋪平。花間吟詩，則地堪當席：月下飲酒，則石似鋪氈。廢瓦片也能行時，環湖石削鋪，宛如湖石從洶湧的波濤中生出。破方磚可作大用，繞梅花磨鬬，好像梅花在紛紜的冰裂間開放。路徑雖屬平凡之工，階庭要脱塵俗之氣。這樣鋪砌，好像足下生蓮花，美人從景中走出；林間拾翠羽，春情自何處而來？花木中間的窄路，最好鋪石；廳堂周圍的空庭，應當漫磚。方圓的式樣，各有不同，鋪砌時應加選擇；磨磚雖由瓦匠，雜活還需小工。

［注釋］

〔1〕　廣厦——猶言大房子。杜甫詩：「安得廣厦千萬間，大庇天下寒士盡歡顔。」

〔2〕　中庭——四面爲建築包圍之庭園，謂之「中庭」，俗稱「院子」或「庭院」。

〔3〕　叠勝——按「勝」原爲婦人的首飾。「叠勝」是指斜方連叠的勝形花紋，如「春勝」、「方勝」等。

〔4〕　回文——見欄杆注〔2〕。

〔5〕　八角嵌方——即八角形間方形的圖案。

〔6〕　蜀錦——謂四川所織的錦，古代蜀錦花紋精細有名。南朝宋·山謙之的《丹陽記》：「三國時，成都錦獨稱妙，魏市于蜀，吴亦資于蜀。」《蜀錦譜》列有宋、元蜀錦名目，可參閲。現代蜀錦分爲雨絲錦、方方錦、條花錦、浣花錦等。

〔7〕　出步——指室外的平臺，今稱「陽臺」。

〔8〕　花梢——《説文》：「梢，木枝末也。」花梢作花上解。明版本中「梢」誤作「稍」。

〔9〕　秦臺——指秦王的臺。漢·鄒陽《上吴王書》：「秦倚曲臺之宫，懸衡天下。」

〔10〕削鋪——削之成形，用以鋪地。

〔11〕波紋洶湧——謂砌紋似波濤洶湧之狀。

〔12〕磨鬭——磨製成型，拼成花紋。

〔13〕冰裂——謂用亂磚鋪砌，而形像冰裂之意。

〔14〕蓮生襪底——謂砌紋似蓮花。《南史》：「齊·東昏侯鑿金爲蓮花貼地，令潘妃行其上，曰：『此步步生蓮花也。』」今「襪底」借作「足下」解。

〔15〕翠拾林深——魏·曹植《洛神賦》：「或採明珠，或拾翠羽。」又杜甫詩：「佳人拾翠春相問。」翠卽翡翠，鳥名，翠羽可作首飾。

〔16〕迴——原書作「迴」，誤，今按明版本改正。《增韻》：「迴，寥遠也。」「堂迴」，宋·聶冠卿《多麗詞》：「畫堂迴，玉簪瓊珮，高會盡詞客」。

〔17〕隨宜——見卷一立基注〔2〕。

〔18〕瓦作——卽瓦匠。

〔19〕鈎兒——明代蘇州俗語，意謂扛擡工。出處待考。鈎，牽引也。

（一） 亂石路

園林砌路，惟〔1〕小亂石砌如榴子〔2〕者，堅固而雅致；曲折高卑，從山攝〔3〕壑，惟斯如一。有用鵞子石間花紋砌路，尚且不堅易俗。

［釋文］

在庭園内鋪路，祇有用小亂石砌成榴子形的，比較堅固雅致；路的曲折高低，從山引到谷口，都用這個法子。有人用鵞卵石間隔砌成花紋，反不堅實，而又庸俗。

［注釋］

〔1〕惟——原本作「作」，按明版本改正。
〔2〕榴子——謂砌成形似石榴之花紋。
〔3〕攝——作引伸解。《説文》：「攝，引持也。」

（二）鵞子地

鵞子石，宜鋪于不常走處，大小間砌者佳，恐匠之不能也。或磚或瓦，嵌成諸錦〔1〕猶可。如嵌鶴、鹿〔2〕、獅毬〔3〕，猶類狗〔4〕者可笑。

［釋文］

鵞卵石應鋪在不常走的路上，同時要以大小石子間隔鋪成爲宜，祇恐一般匠人不會做。還有用磚或瓦嵌成各種錦緞花紋，比較尚可人意。如嵌成鶴、鹿、獅毬等形，就不免「畫虎不成反類狗」地一樣可笑。

［注釋］

〔1〕諸錦——鋪成各種錦緞的花紋。

〔2〕鶴、鹿——鋪成鶴、鹿的形狀。

〔3〕獅毬——鋪成獅子滾繡球的形狀。

〔4〕類狗——好高騖遠而無所成就之意。《後漢書·馬援傳》：「效季良不成，陷爲天下輕薄子，所謂：『畫虎不成反類狗』者也。」

（三） 氷裂地

亂青版石，鬬冰裂紋，宜于山堂〔1〕、水坡〔2〕、臺端〔3〕、亭際〔4〕。見前風窗式，意隨人活，砌法〔5〕似無拘格，破方磚磨鋪猶佳。

［釋文］

用亂青版石鬬成冰裂紋，這種方法宜鋪在山堂、水坡、臺前、亭邊。式樣已見于前列的風窗式内，由人任意靈活鋪砌，不必拘于一格，破方磚側面磨平之後鋪之更佳。

［注釋］

〔1〕 山堂——山間的堂。《佩文韻府·堂引》：「山堂水殿，烟寺相望。」

〔2〕 水坡——水邊斜坡之意。

〔3〕 臺端——按端本作「首」解。臺端，指臺前而言。

〔4〕 亭際——亭邊之意。

〔5〕 砌法——原書作「法砌」，欠通，改正。

（四）諸磚地

諸磚砌地：屋內，或磨、扁鋪；庭下，宜仄砌〔1〕。方勝、疊勝、步步勝〔2〕者，古之常套也；今之人字、蓆紋、斗紋〔3〕；量磚長短合宜可也。有式：

［釋文］

用各種磚鋪地：在屋內，或用磨磚平鋪；在庭前，應以竪砌爲宜。「方勝」、「疊勝」、「步步勝」等各種式樣，都是古代普通常用的；現在有「人字」、「蓆紋」和「斗紋」等式樣：祇要酌量磚的長短適合，就可以用。有式附後：

［注釋］

〔1〕仄砌——謂用磚立砌之意。

〔2〕方勝、疊勝、步步勝——方勝、疊勝見本卷鋪地注〔3〕。「步步勝」即指許多斜方連結不斷，一直砌到底的砌法而言。

〔3〕人字、蓆紋、斗紋——指砌像人字、蓆紋和斗紋的花紋而言。

人字式（圖三一四十八）

蓆紋式（圖三一四十九）

間方式（圖三一五十）

圖三一五十 間方式

圖三一五十

圖三一五十一 斗紋式

圖三一五十一

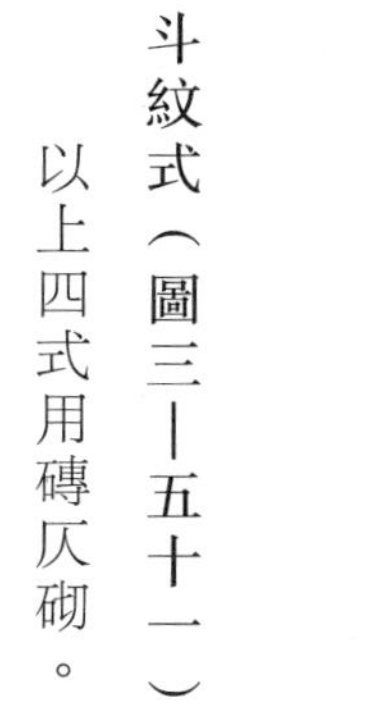

斗紋式（圖三一五十一）

以上四式用磚仄砌。

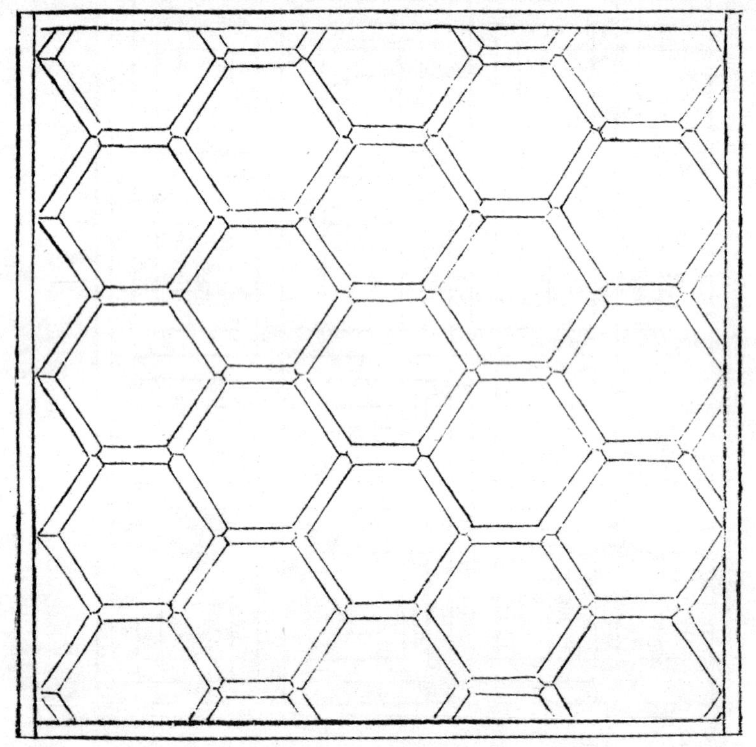

六方式（圖三—五十二）

攢六方式（圖三一五十三）

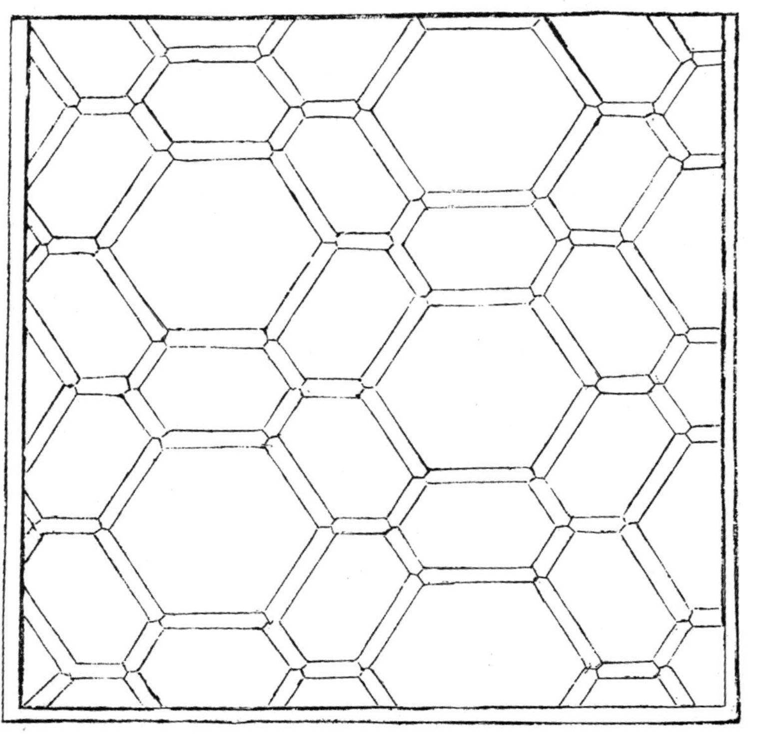

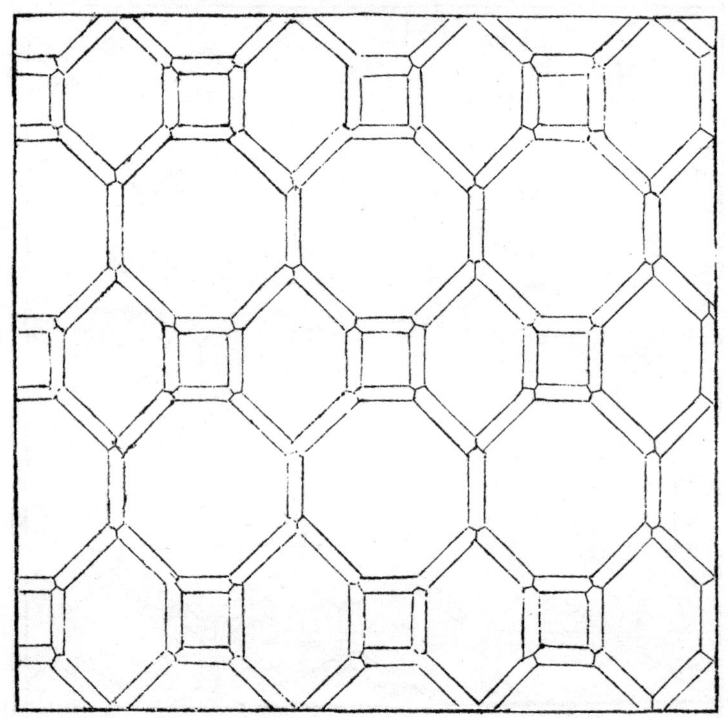

八方間六方式（圖三一五十四）

圖三一五十五

套六方式（圖三一五十五）

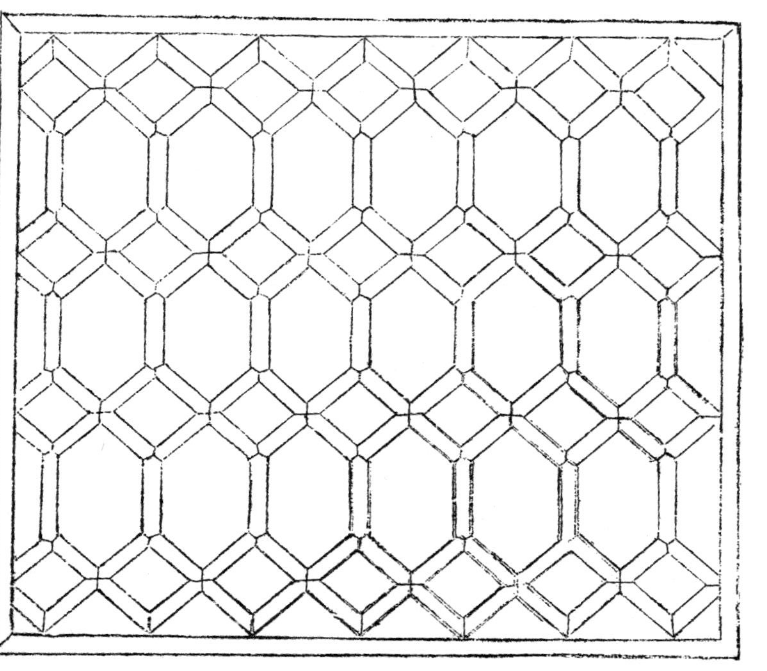

圖三一五十六

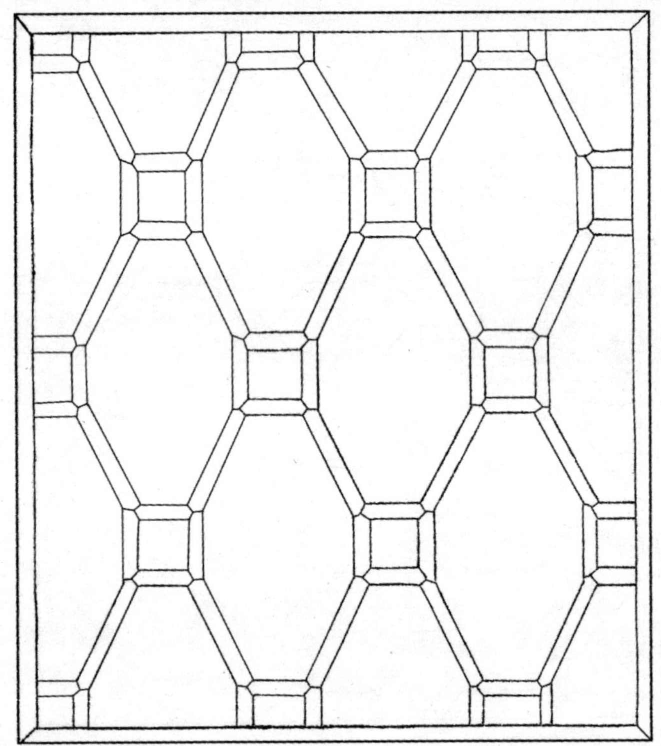

長八方式（圖三一五十六）

八方式（圖三一五十七）

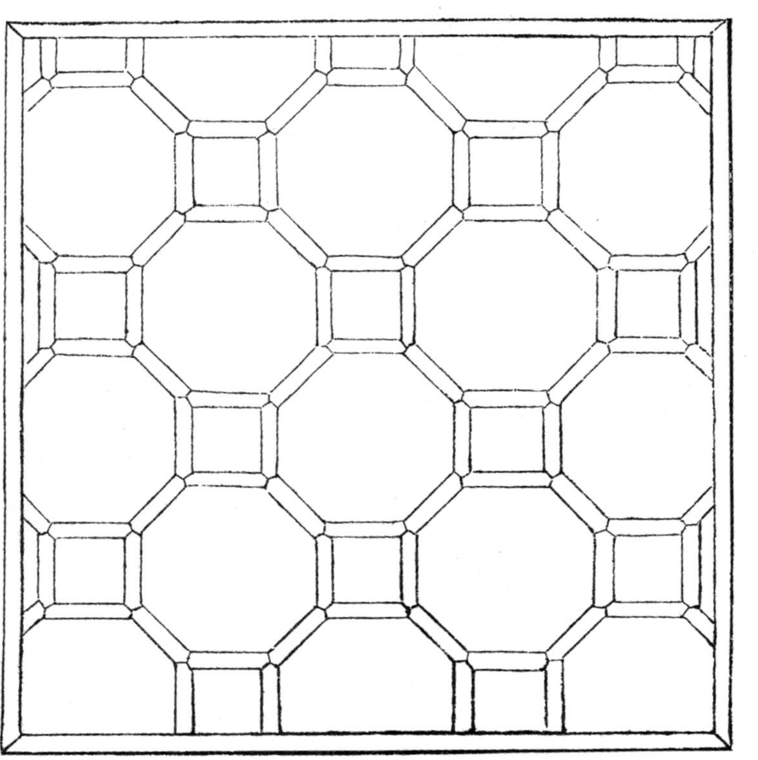

圖三一五十七

圖三一五十七 八方式

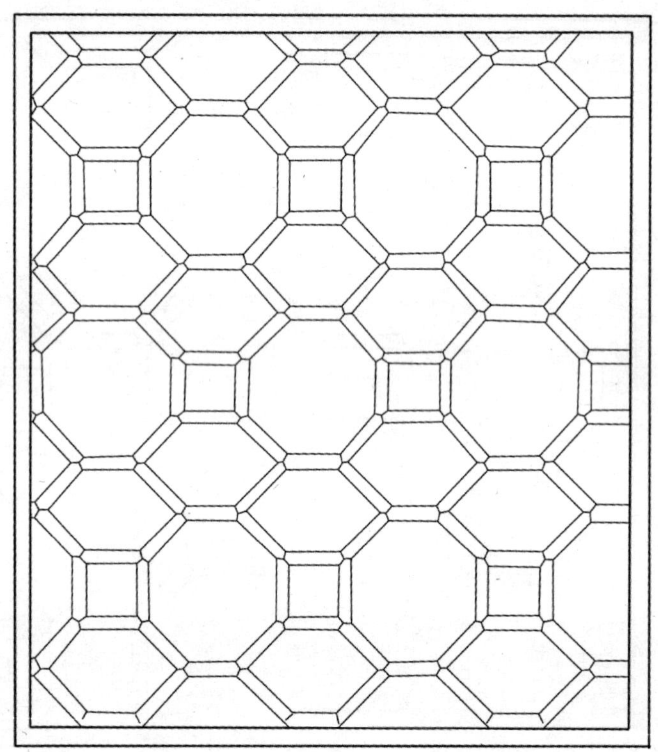

海棠式（圖三一五十八）

圖三一五十九 四方間十字式

圖三一五十九

四方間十字式（圖三一五十九）

以上八式用磚嵌鶩子砌。

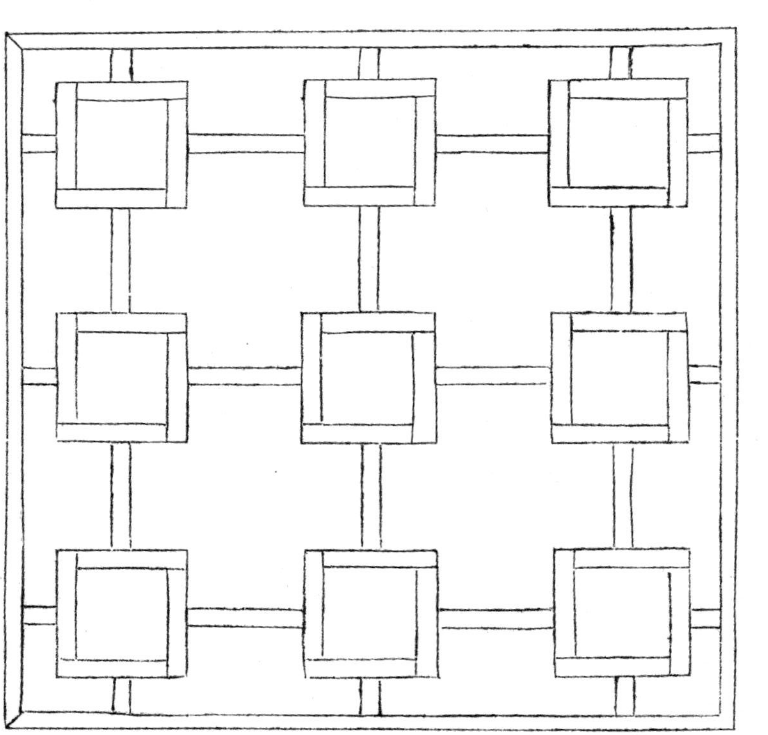

香草邊式（圖三—六十）

用磚邊，瓦砌，香草〔一〕中或鋪磚，或鋪鸞子。

［釋文］

香草邊式是用磚砌邊、用瓦砌成香草紋的方法，中間或鋪磚，或鋪鸞卵石均可。

［注釋］

〔一〕香草——是指用磚砌邊，用瓦砌成香草紋的砌法。如圖。

圖三一六十　香草邊式

圖三一六十

毬門式（圖三—六十一）

鵞子嵌瓦，祇此一式可用。

〔釋文〕

鵞卵石鑲嵌瓦片，祇有這一式可用。

圖三—六十一

圖三一六十二

波紋式（圖三一六十二）

用廢瓦檢厚薄砌，波頭宜厚，波傍宜薄。

［釋文］

用廢瓦片，揀取厚薄，分別砌之：波頭宜用厚的，波傍宜鑲薄的。

九 掇山

掇山之始，樁木爲先，較其短長，察乎虛實。隨勢挖其麻柱〔1〕，諒高掛以稱竿〔2〕；繩索堅牢，扛擡穩重。立根鋪以粗石，大塊滿蓋樁頭；塹裏掃于〔3〕查灰，着潮盡鑽山骨〔4〕。方堆頑夯而起，漸以皴文而加；瘦漏〔5〕生奇，玲瓏安巧。峭壁貴于直立，懸崖使其後堅。巖、巒、洞、穴之莫窮，澗、壑、坡、磯之儼是；信足疑無別境，舉頭自有深情。蹊徑盤且長，峯巒秀而古，多方景勝，咫尺山林〔6〕；妙在得乎一人〔7〕，雅從兼于半土。假如一塊中竪而爲主石，兩條傍插而呼劈峯。獨立端嚴，次相輔弼〔8〕；勢如排列，狀若趨承〔9〕。主石雖忌于居中，宜中者也可；劈峯總較于不用，豈用乎斷然。排如爐燭花瓶，列似刀山劍樹〔10〕；峯虛五老〔11〕，池鑿四方；下洞上臺，東亭西榭。罅堪窺管中之豹〔12〕，路類張孩戲之貓〔13〕；小藉金魚之缸，大若酆都〔14〕之境。時宜得致，古式何裁？深意畫圖，餘情丘壑。未山先麓，自然地勢之嶙嶒〔15〕；構土成岡，不在石形之巧拙。宜臺宜榭，邀月招雲；成徑成蹊，尋花問柳。臨池駁以石塊，粗夯〔16〕用之有方；結嶺挑之土堆，高低觀之多致；欲知堆土之奥妙，還擬理石之精微。山林意味深求，花木情緣易逗。有真爲假，做假成真；稍動天機〔17〕，全叨人力；

探奇投好，同志須知。

［釋文］

當開始疊山的時候，先要打好樁木，計算樁木的長短，考察基地的虛實。按照形勢，挖土樹立木柱，估計高度，掛好稱竿。搬運山石，必須用繩索捆牢，扛擡也要穩當妥善。先鋪粗石，以建立基礎，再揀大石覆蓋樁頭，坑裏要填滿石渣石灰，濕地應埋石作爲山骨。當開始之時，先堆頑重的大石墊底，漸用皴紋的細石加高；「瘦」、「漏」則自呈奇觀，玲瓏要巧爲安置。堆峭壁，應以聳直爲貴；疊懸崖，要使後部堅固。巖、巒、洞、穴，要疊得曲折而無止境；澗、壑、坡、磯，要堆成仿彿就像真山。使人信足所至，幾疑此往再無別境；但舉頭而望，頓覺其中自有深情。小路要曲而又長，峯巒要秀而奇異，多方安排勝景，眼前就是山林。山林之妙，主要得力于一人（設計者）之功；而雅趣横生，也還有賴于半土（按即石堆于土上）之妙。假如以豎立于中間的一塊作爲「主石」，則插入于旁邊的兩條應稱「劈峯」。主石要顯出獨立庄嚴的姿態，劈峯要表示相互輔助的形勢；位置雖如排列，而狀態却似趨承。主石雖不宜放在正中，如果適宜于中間的，亦可置之中間。兩旁的劈峯，最好不用，爲什麼要斷然採用，非用不可呢？假如所掇的假山呆板的排列，就像桌上所供的爐、燭、花瓶；又像行刑所用的刀山劍樹。峯無五老的奇突，池如四方的單調；下邊安洞，上面築臺；東邊砌亭，西方建樹。洞小僅能窺豹（指石洞太小），路歧令人迷途（指造景藝術欠佳，令人無法走出而言）。堆成的山勢，小者像金魚缸中的頑石，大者像酆都城裏的陰森。時人雖自認爲風雅，但于古法有何可取呢？我以爲：掇山要有深遠如畫的意境，餘情不盡的丘壑。未經掇山，先安好山脚，則山勢自然而嶙嶒；再堆土築成山岡，並不在乎石形的巧拙。宜于造臺者造臺，宜于建樹者建樹，可以邀月，可以招雲。蹊徑皆隨地勢，花木各就所宜。石塊駁成池岸，粗夯用得其所；挑土堆成山嶺，高低看來多趣。如要懂得堆土的技術，還須掌握理石的原理。山林的意味該深入研究，花木的習性卻易于理解。有了真山的意境來堆假山，堆的假山就極像真山。假山的構成、設計要運用巧思，完成則全靠人力。愛好造園的同志，必須明白這個道理。

［注釋］

〔1〕　麻柱——用以綁掛吊桿的柱子。

〔2〕　稱竿——用以吊起石材的設施。

〔3〕　掃于——掃以之意。

〔4〕　山骨——指地下之石而言。《昌黎集第二一．石鼎聯句》：「巧匠斲山骨，刳中似煎烹。」

〔5〕瘦漏——太湖石以具有「透」「瘦」「漏」「皺」四者爲美。彼此相通若有路可行者爲「透」；劈立當空，孤峙無依者爲「瘦」；石上有眼，四面玲瓏者爲「漏」；石面不平，起伏多姿者爲「皺」。

〔6〕咫尺山林——謂山林卽在咫尺之間。猶言迫近之意。《説文》：「周制寸、尺、咫、尋，皆以人之體爲法，咫爲周尺八寸。」

〔7〕一人——指設計者而言。

〔8〕輔弼——原指封建時代的宰相，有左輔右弼之功。此處泛指輔佐或陪襯而言。

〔9〕趨承——有趨候奉迎之意。

〔10〕刀山劍樹——佛教所傳地獄酷刑。《太平廣記》卷三八二裴則子引《冥報拾遺》：「至第三重門，入見鑊湯及刀山劍樹……」此處借作呆板排列解。

〔11〕五老——廬山的峯名，在江西省星子縣，山石骨峙，突兀凌雲，如五老人駢肩而立，爲廬山盡處。

〔12〕窺豹——原爲所見不廣之意。《晉書·王獻之傳》：「此郎管中窺豹，略見一斑。」

〔13〕張貓——爲孩兒遊戲之一種，俗稱「貓捉鼠」，類似「捉迷藏」。此處借用。

〔14〕酆都——原四川省縣名。古代傳説謬爲鬼伯所居，或稱爲十殿閻王所在。卽今豐都縣。

〔15〕嶙嶒——卽山勢嶙峋嶒嶸之意。嶙峋：山崖重深貌。嶒嶸：作高解。嶙嶒乃山勢高深之意。

〔16〕粗夯——指山石之粗笨者而言。

〔17〕天機——猶言天意，動天機卽今「找竅門」之意。

（一）園山

園中掇山，非士大夫〔1〕好事者不爲也。爲者殊有識鑒。緣世無合志，不盡欣賞，而就廳前三峯，樓面一壁而已〔2〕。是以散漫理之，可得佳境也。

［釋文］

在園中堆置假山，不是士大夫中愛慕風雅的人，是不願幹的。幹這種事的人，一定是很有見識而具鑒賞能力的。因爲世間缺乏同好的人，不完全都能欣賞園内的假山。一般祇就廳的前面掇上三峯，或在樓的對面作成一壁而已。這種掇山，如能因其自然、高低錯落、分散堆置，疏落有致，纔能創造出優美的境界。

［注釋］

〔1〕士大夫——古代稱受職居官之人爲「士大夫」。《考工記》：作而行之，謂之『士大夫』。」

〔2〕廳前三峯，樓面一壁——原書均爲「廳前一壁樓面三峯。」誤，今按《廳山》《樓山》改正。

（二）廳山

人皆廳前掇山，環堵中聳起高高三峯排列于前，殊爲可觀，殊爲可笑。更亦可笑，加之以亭，及登，一無可望，置之何益？以予見：或有嘉樹〔1〕，稍點玲瓏石塊；不然，牆中嵌理〔2〕壁巖，或頂植卉木垂蘿〔3〕，似有深境也。

［釋文］

一般的人都愛在廳前掇假山，圍牆裏聳起高高的三個山峯，排列前面，体量高大，非常可笑。更可笑的是，在上面加建亭子，登臨時，竟沒有什麼可望之景，設之究竟有什麼作用？依我所見：廳前如有優美的樹木，就其下點置若干玲瓏石塊；沒有的話，就在牆內嵌築壁巖，或在頂上栽植花木藤蘿，也會形成深遠的意境。

［注釋］

〔1〕嘉樹——優美的樹木。

〔2〕嵌理——有嵌裝之意。

〔3〕卉木垂蘿——指花木藤蘿之屬而言。

（三）樓山

樓面掇山，宜最高，纔入妙；高者恐逼于前，不若遠之，更有深意。

［釋文］

在樓的對面掇山，宜掇得很高，纔能引人入勝；但過高又怕太逼近樓前，不如稍遠一些，使得更有深遠之意。

（四） 閣山

閣皆四敞也，宜于山側；坦而可上，便以登眺，何必梯之〔1〕。

［釋文］

閣是四面都是開敞的建築，宜建于山的旁邊（也就是説：近閣掇山，要堆在閣的側面）。要平坦易上，以便登閣遠望，何必内部再用扶梯？

［注釋］

〔1〕 何必梯之——此係説明閣之登臨，可藉閣傍之山而上。如蘇州拙政園之見山樓，留園之冠雲樓，皆是此種做法。

（五）書房山

凡掇小山，或依嘉樹卉木，聚散而理；或懸巖峻壁，各有別〔1〕致；書房中〔2〕最宜者。更以山石爲池，俯于窗下，似得濠濮間想〔3〕。

〔釋文〕

大凡堆叠小山，或接近樹木花卉，佈置疏密不一；或成懸崖，或作陡壁，各具姿態。書房前最適于佈景，再于窗下以山石築池，似有水濱觀魚之感。

〔注釋〕

〔1〕別——明版本作「另」。

〔2〕書房中——「中」字疑爲「前」字之誤。

〔3〕濠濮間想——見卷一立基·亭榭基注〔4〕。

（六）池山

池上理山，園中第一勝也。若大若小，更有妙境。就水點其步石〔1〕，從巔架以飛梁；洞穴潛藏，穿巖徑水；峯巒飄渺〔2〕，漏月招雲。莫言世上無仙，斯住世之瀛壺〔3〕也。

［釋文］

就池上佈置假山，是園中第一好景。既有大山又有小山，就使境界更美，要在池内鋪設踏步，山頂架起飛橋；洞穴暗藏在山裏，有時穿山，有時涉水；山峯遠凌空際，山頂孔隙，能透入月光，洞穴深處，可招納雲霧。莫説世上没有仙人，這就是人間的仙境。

［注釋］

〔1〕步石——水面落脚的石塊，亦稱「踏步」。日本稱爲「澤飛」。

〔2〕飄渺——疑爲「縹緲」之誤，恍惚有無之意。白居易《長恨歌》：「忽聞海上有仙山，山在虚無縹緲間。」縹緲一作縹眇。《文選》木華《海賦》：「羣仙縹眇」。又太湖西洞庭山有縹眇峯。

〔3〕瀛壺——見本書屋宇注〔21〕。

（七）內室山

內室中掇山，宜堅宜峻，壁立巖懸，令人不可攀。宜堅固者，恐孩戲之預防〔一〕也。

［釋文］

在內室中叠假山，宜于堅固高峻，壁要直立，巖要懸空，使人不能攀援而登。必須要求堅固的道理，是恐怕孩童遊戲，預防發生事故。

［注釋］

〔一〕防——原書作「妨」（明版本亦作「妨」），疑誤，當作「防」。

（八）峭壁山

峭壁山者，靠壁理也。藉以粉壁爲紙，以石爲繪〔1〕也。理者相石皴〔2〕紋，倣古人筆意，植黃山〔3〕松柏、古梅、美竹〔4〕，收之圓窗，宛然鏡遊〔5〕也。

［釋文］

峭壁山是靠牆佈置而成的，好像以白牆爲紙，而以山石作畫。砌時根據石的皴紋，倣照古人的畫法，在石上種一些黃山的松柏，以及老梅、秀竹，從圓窗向外望去，使人覺得就像作鏡中之遊。

［注釋］

〔1〕粉壁爲紙，以石爲繪——即唐代楊惠之塑壁之法。在李笠翁《一家言》中，更有所發揮（詳見《笠翁偶集》之居室部·窗欄第二「取景在借」）。

〔2〕皴——皮膚開裂。《梁書·武帝紀》：「執管觸寒，手爲皴裂。」又畫家畫山石既成，更橫握其筆蘸水墨染擦，以顯脈理及陰陽向背之迹，謂之「皴」。

〔3〕黃山——在今安徽省歙縣西北，所出松柏，素以矮斜夭矯著稱。

〔4〕古梅、美竹——古梅即老梅，美竹即秀竹。

〔5〕鏡遊——謂似在鏡中觀賞景物之意。《會稽記》：「鏡湖在縣東二里，故南湖也。一名長湖，又名大湖，東漢永和五年築塘立湖，周三百一十里。王逸少云：『山陰路上行，如在鏡中遊。』」

（九）山石池

山石理池，予始創者。選版薄山石理之，少得竅不能盛水，須知「等分平衡法」〔1〕可矣。凡理塊石，俱將四邊或三邊壓掇；若壓兩邊，恐石平中有損。如壓一邊，即罅稍有絲縫，水不能注，雖做灰堅固〔2〕，亦不能止，理當斟酌〔3〕。

［釋文］

用山石築池是我所創造的方法。選用薄版狀的山石，加以構造，如少有孔隙就不能蓄水；若能掌握「等分平衡法」，就可以很好地完成任務。當用石塊築池時，應將石塊的四邊或三邊都要壓緊；若祇壓兩邊，則在池底平鋪的石版中往往發生破裂（按力學原理，當池的兩邊受到壓力時，其中就發生反壓力，而于池底所平鋪的薄石版，卽增加水的重量，也不能與此反壓力取得平衡而致池底往往破裂）。故如壓緊一邊，則孔隙中稍有裂縫就不能蓄水，雖用油灰嵌牢，也不克防止流失。因之工作中應加以注意。

［注釋］

〔1〕 等分平衡法——爲力學名詞，謂掇山叠石時，宜注意力學上的平衡，以免畸輕畸重，發生傾攲的危險。《世説新語》稱：「凌雲臺，樓觀精巧，先稱平衆木輕重，然後造構，乃無錙銖相負」，就是應用這個原理。計成掇山，一再提出此點，極爲可貴。

〔2〕 做灰堅固——以油灰（桐油石灰）將石縫塗牢，不使漏水。

〔3〕 斟酌——有酌量而行，卽考慮、研究之意。

（十） 金魚缸 〔1〕

如理山石池法，用糙缸一隻，或兩隻，並排作底。或埋、半埋，將山石周圍理其上，仍以油灰抿固缸口。如法養魚，勝缸中小山。

［釋文］

金魚缸，如鋪山石池的方法一樣，用粗缸一隻，或兩隻，並排作底。或完全埋下，或僅埋半截于土中，然後用山石就其周圍，佈置其上，再用油灰將缸口抿牢。如法養魚其中，較之缸內安置小山爲佳。

［注釋］

〔一〕缸——原書作「鋼」（明版本亦作「鋼」），今通作「缸」。

（十二）峯

峯〔一〕石一塊者，相形何狀，選合峯紋石，令匠鑿筍眼〔二〕爲座，理宜上大下小，立之可觀。

或峯石兩塊三塊拼掇，亦宜上大下小，似有飛舞勢。或數塊掇成，亦如前式；須得兩三大石封頂〔3〕。須知平衡法，理之無失。稍有欹側〔4〕，久則逾〔5〕欹，其峯必頹，理當慎之。

［釋文］

峯石之爲一塊者，應觀察其形狀如何，選擇與峯石紋理相似的山石，使工匠鑿成笱眼以爲座子。將上大下小的峯石安裝其上，以立式爲美。或是用峯石兩塊或三塊拼湊而成，也應上大下小，似有飛舞之勢。或用數塊峯石拼湊堆叠的，也照前法；要用兩三塊大石封頂。要懂得平衡法的原理，纔能安置，不致失敗。如果稍有傾斜，時間一久，就更加傾斜，這個山峯必然倒下，安置時務須審慎出之。

［注釋］

〔1〕 峯——《説文》：「尖曰『峯』，平曰『頂』，圓曰『巒』，相連曰『嶺』。」石之呈峯狀，用供單點者，謂之「峯石」。

〔2〕 笱眼——亦名卯眼。凹内以承峯底之榫。

〔3〕 封頂——封蓋頂部。

〔4〕 欹側——即傾斜之意。

〔5〕　逾——益也。《淮南子·立術》：「亂則逾甚。」與愈通。

（十二）巒

巒〔1〕，山頭高峻也，不可齊，亦不可筆架式；或高或低，隨致亂掇，不排比爲妙。

［釋文］

巒是高峻的山頭，掇山時，頂上要突出，不可一般平，也不可作成筆架式；要有高有低，隨其景物，錯綜叠成，以不成並列爲宜。

［注釋］

〔1〕　巒——《説文》：「圜曰『巒』。」山小而鋭，亦曰「巒」，或作圓峯解。

（十三）巖

如理懸巖〔1〕，起脚宜小，漸理漸大；及高，使其後堅能懸。斯理法古來罕有〔2〕，如懸一石，又〔3〕懸一石，再之不能也。予以平衡法，將前懸分散後堅，仍以長條塹裏石壓之，能懸數尺，其狀可駭，萬無一失。

［釋文］

假如佈置懸巖，起脚要小，漸堆漸大；到了高處，使其後方堅固，具有能懸之力。這種理法，自古以來實所少見。一般如欲懸一塊石，也只能懸一塊石而已，無法再加。我用平衡法，將前面懸石的重量分散而不集中，並爲使後面堅固起見，再用長條石壓其上（使前後重量獲得平衡，因爲此石如牆基埋于基坑內，故云：「長條塹裏石壓之」），能够懸空數尺，形勢雖屬驚人，但絕對安全，不致失事。

［注釋］

〔1〕巖——《增韻》：「石窟曰巖，深通曰洞。」又，高峻貌。見《漢書·司馬相如上林賦》：「嶄巖參差」注。

〔2〕有——原書作「者」（明版本亦作「者」）。按《喜詠軒叢書》本改正爲「有」。

〔3〕又——原本作「亦」，按明版本改正爲「又」。

（十四）洞

理洞法，起脚如造屋，立幾柱着實。掇玲瓏如窗門透亮。及理上，見前理巖法，合湊收頂，加條石替〔1〕之：斯千古不朽也。洞寬丈餘，可設集者，自古鮮矣！上或堆土植樹，或作臺，或置亭屋，合宜可也。

［釋文］

砌山洞的方法，起脚和造屋一樣，要先立幾根柱子，使之固定。取奇巧有孔的石塊，當作窗門以便採光。堆到上部，與前述理巖法相同，將亂石向中央合凑收頂，于其上壓以條石，以資穩定；這樣做，可使千古不壞。洞寬到一丈有餘，可容多人在内集合，自古以來，確實少見。在上面，或堆土植樹，或以築臺，或設置亭屋；祇要適合，都可進行。

［注釋］

〔1〕替——或有穩定之意；或作在收頂時，加用條石，代替假山石解。

（十五）澗

假山依〔1〕水爲妙，倘高阜處不能注水，理澗〔2〕壑無水，似少〔3〕深意。

［釋文］

假山自以靠水爲佳，倘在高阜處不能放水，可以構成澗壑，其中如果無水，使人對之，似欠深遠之意。

［注釋］

〔1〕依——原本作「以」，按明版本改正爲「依」。

〔2〕澗——《爾雅》：「山夾水：『澗』；陵夾水：『澞』。」郭璞注：「別山陵間水者之名。」

〔3〕少——原書作「有」（明版本亦作「有」），欠通，疑誤，今按語氣改爲「少」。

（十六）曲水

曲水〔1〕，古皆鑿石槽，上置石龍頭〔2〕濆〔3〕水者，斯費工類俗。何不以理澗法，上理石泉，口如瀑布〔4〕，亦可流觴，似得天然之趣。

［釋文］

古人作曲水，大都鑿一石槽，上置石龍頭噴出水來，這樣做法，不僅費工，且復庸俗。爲什麼不用理澗法，在上面做成石泉，泉口出水如同瀑布，也可用以泛杯傳飲，似乎得天然之趣。

［注釋］

〔1〕曲水——此處借用作曲水流觴解，卽就溪曲傳杯流飲。這是古人在上巳（農曆三月三日）的一種雅集，相當于今日的郊遊野飲。《晉書》：「昔周公城洛邑，因流水以泛酒，故逸詩曰：『曲觴隨波』。」晉·王羲之《蘭亭集序》亦曰：「清流激湍，映帶左右，引以爲流觴曲水。」宋·李誡《營造法式》卷三及卷二十九載：「流杯渠，卽曲水。」

〔2〕石龍頭——將出水的石嘴子上，琢成龍頭狀，如龍之吐水然。

〔3〕濆——《集韻》：濮水也，通作「噴」。又湧也。《公羊傳》：「濆泉者何？直泉也。直泉者何？湧泉也。」

〔4〕瀑布——水由峭壁或高處直瀉，其勢洶洶，水沫飛濺，遥望如匹練下垂。

（十七）瀑布

瀑布如峭壁山理也。先觀有高樓簷水，可澗至牆頂作天溝，行壁山頂，留小坑，突出石口，泛漫而下，纔如瀑布。不然，隨流散漫不成，斯謂：「坐雨觀泉」之意。

〔釋文〕

理瀑布像峭壁山的理法，應先觀察高樓簷水，也可由山澗引至牆頭上作成天溝，再引至壁山頂上，留一小坑，水從石口吐出，泛漫而下，就成爲瀑布。不然豈不就隨流散漫不成瀑布嗎？這樣纔能體會到所謂「坐雨觀泉」的意味。

夫理假山，必欲求好，要人說好，片山塊石，似有野致。蘇州虎丘山〔1〕，南京鳳臺門〔2〕，販花紮架〔3〕，處處皆然。

〔釋文〕

堆叠假山，必須求工，又要他人讚美，雖屬片山塊石，只要佈置得宜，似乎都有野致。

蘇州虎丘山，南京鳳臺門一帶，花販所作盆栽盆景，都是矯揉造作，人工技巧，有違物性，遂致不堪入目，令人作嘔，不禁爲之一嘆。

［注釋］

〔1〕蘇州虎丘山——《蘇州府志》：「虎丘人善于盆中植奇花、異卉、盤松、古梅置之几案間，清雅可愛，謂之『盆景』。」按虎丘山在蘇州市西北郊，花卉園藝業甚盛，栽培白蘭花、茉莉等各種花卉。

〔2〕南京鳳臺門——陳作霖《金陵物産風土志》：「鳳臺門花傭善養茉莉、珠蘭、金橘，皆盆景也。」按明初南京外郭闢十六門，南方共七門，其中一門稱「鳳臺門」。附近花神廟一帶，多經營花卉業，與蘇州虎丘相似。近年來，日益發展。

〔3〕紮架——盆栽花卉，常紮成各種形狀。

十　選石

夫識石之來由，詢山之遠近。石無山價，費祇人工，跋躡〔1〕搜巔，崎嶇乞〔2〕路。便宜出水，雖遥千里何妨；日計在人，就近一肩可矣。取巧不但玲瓏，祇宜單點〔3〕；求堅還從古拙，堪用層堆〔4〕。須先選質無紋，俟後依皴合掇；多紋恐損，無竅〔5〕當懸。古勝太湖〔6〕，好事祇知花石〔7〕；時遵圖畫，匪人焉識黄山〔8〕。小倣雲林〔9〕，大宗子久〔10〕。塊雖頑夯〔11〕，峻更嶙峋〔12〕；是石堪堆，便〔13〕山可採。石非草木，採後復生，人重利名〔14〕，近無圖遠。

［釋文］

選取山石，要考察石的由來，詢問山的遠近。石在山上，本身没有價值，費用祇在人工。越嶺登山，尋到絶頂；走遍高低，查明出路。水口便利，雖遠千里不礙；計日可達，就近人擡也可。選石既要奇巧玲瓏，又要堅實古拙，前者適于單點，後者可供層堆。選石必須質優不裂，俟後再行依皴堆疊；多紋石恐易損壞，無竅石宜乎懸挑。古人稱湖石爲好，好事者祇知「花石」之名；時人按圖購取，門外漢哪識黃山之美。小型山，可倣倪雲林的稿本；大型山，應學黃子久的筆法。石塊雖然頑笨，高堆便覺深遠。這種石塊均能叠山，凡是近便的山上都可採取。石塊不同草木，採後不能再生，常人重視利名，如果近處無有，再圖遠求。

［注釋］

〔1〕跋躡——有登臨之意。
〔2〕穵——各版本均作「究」，《喜詠軒叢書》本作「穵」，即「挖」古字，加以改正。
〔3〕單點——有單獨點置之意。單獨點置之石，謂之「峯石」。
〔4〕層堆——有堅石可逐層堆積，不致損毀之意。
〔5〕無竅——原書作「垂竅」（明版本亦作「垂竅」），按《喜詠軒叢書》本改「垂」爲「無」。
〔6〕太湖——古稱「震澤」，位跨江、浙二省間。湖中小山甚多，東、西二洞庭，尤著水石之勝。太湖石即產蘇州東、西洞庭山附近湖底，亦稱「湖石」。浙江湖州卞山亦產之，謂之「旱石」。
〔7〕花石——宋徽宗好珍玩，頗垂意花石。蔡京密取浙中珍異以進，帝嘉之，後步步增加，舳艫千里，相銜于淮汴間，世稱「花石綱」。
〔8〕黃山——除安徽省徽州黃山外，江蘇省鎮江、常州均有黃山，皆產石，俱名「黃石」。
〔9〕雲林——爲元·倪瓚之號。
〔10〕子久——爲元·黃公望之字。其事蹟見卷一園説注〔13〕。

〔11〕頑夯——指石之頑笨者而言。

〔12〕嶙峋——山巖深遠貌。

〔13〕便——明版本作「便」，《喜詠軒叢書》本改爲「偏」。便山含「近山」或「是山」之意。

〔14〕利名——指石之價高而名貴者。

（二）太湖石

蘇州府〔1〕所屬洞庭山，石産水涯，惟消夏灣〔2〕者爲最。性堅而潤，有嵌空、穿眼、宛轉、嶮怪勢。一種色白，一種色青而黑，一種微黑青。其質文理縱横，籠絡起隱，于石〔3〕面遍多坳坎〔4〕，蓋因風浪中衝激而成，謂之「彈子窩」，扣之微有聲。採人携鎚鏨入深水中，度奇巧取鑿，貫以巨索，浮大舟，架而出之〔5〕。此石以高大〔6〕爲貴，惟宜植立軒堂前，或點喬松奇卉下，裝治假山，羅列園林廣榭中，頗多偉觀也。自古至今，採之以〔7〕久，今尚鮮矣。

［釋文］

蘇州府所屬洞庭山水邊産石，其中以産于消夏灣者爲最佳。石性堅實而又潤澤，具有嵌空、穿眼、宛轉、險怪等各種形象。一種色白，一種色青而黑，一種微帶黑青色。石質的紋理縱横交織、籠絡起伏，石面上遍佈很多的凹孔，這是因風浪衝激而成，名叫「彈子窩」，敲之微有聲音。採石的工人，帶着鐵鎚和小鑿潛入深水中，把那些形狀奇巧的鑿取下來，穿上巨大的繩索，用大船並設置木架絞出水面。這種石以高大者爲貴，但衹適于竪立在軒堂之前，或點放在高大松樹和奇異花木之下，堆成假山；此石羅列在庭園廣榭之間，有很多雄偉的景色。但是自古以來，採取已久，現在已所餘不多了。

［注釋］

〔1〕 蘇州府——今江蘇省蘇州市。

〔2〕 消夏灣——見園説注〔27〕。

〔3〕 石——原文遺一「石」字，按《雲林石譜》補正。

〔4〕 坳坎–石面上生有窪下和虚陷的孔隙。

〔5〕 架而出之——《雲林石譜》作：「設木架，絞而出之。」今按明版本改回。

〔6〕 以高大——原文作「最高大」，「最」字似「以」字之誤。

〔7〕以——「以」古與「已」通。

（二）崑山石

崑山縣〔1〕馬鞍山，石産土中，爲赤土積漬。既出土，倍費挑剔洗滌。其質磊塊〔2〕，巉巖〔3〕透空，無聳拔峯巒勢，扣之無聲。其色潔白，或植小木，或種溪蓀〔4〕于奇巧處，或置器中，宜點盆景，不成大用也。

［釋文］

崑山縣馬鞍山，石産于土中，上面爲紅土淤積掩蓋。當出土之後，要耗費加倍的人力，加以扒剔洗刷。石質粗糙不平，形狀奇突透空，没有高聳的峯巒姿態，敲之無聲。其色潔白，在其奇巧之處，或植小樹，或種溪蓀，或置之器皿中，點放而爲盆景，不能作爲大用。

[注釋]

〔1〕崑山縣——江蘇省縣名，在馬鞍山之陽，山峯孤秀，俗稱爲「崑山」，縣因山得名。又名「玉峯」，殆因石色而得名。

〔2〕磊塊——墝埆不平貌。陸游詩：「鉏犂磊塊無」，或作「壘塊」，心中不平之意。

〔3〕巉巖——作山高危解。宋玉賦：「登巉巖而下望兮」。

〔4〕溪蓀——屬鳶尾科植物，五、六月開花，花色以紫與白色者爲多。謝靈運賦：「拔幽澗之溪蓀」。

（三）宜興石

宜興縣〔1〕張公洞〔2〕、善卷寺〔3〕一帶山產石，便于竹林（祝陵）〔4〕出水，有性堅，穿眼，嶮怪如太湖者。有一種色黑質粗而黃者，有色白而質嫩者。掇山不可懸，恐不堅也。

[釋文]

宜興縣張公洞和善卷寺一帶的山亦產石，在便于竹林（祝陵）出水之處，有石性堅硬，具穿眼，險怪，形象如太湖石的。有一種色黑質粗而帶黃色，一種色白而質嫩。這種石堆作假山，不能懸空，因恐性不堅牢，易于崩塌之故。

［注釋］

〔1〕宜興縣——江蘇省縣名，在太湖南岸，與浙江省長興縣接壤。

〔2〕張公洞——在江蘇省宜興縣東南五十五里，相傳漢代張道陵曾在此修煉得名。

〔3〕善卷寺——今亦稱善卷洞或善權洞，在宜興縣西南五十里，有洞三層，稱上、中、下三洞。善卷爲上古隱士。《庄子》：「舜以天下讓善卷，善卷曰：『余逍遥于天地之間，而心意自得，吾何以天下爲哉？』」

〔4〕竹林——竹林，疑爲「祝陵」諧聲之誤。按嘉慶《宜興縣志》：「疆域圖」載，祝陵（地名）北近善卷洞，在芙蓉、紫雲諸山西南，東近笠山、龍池山，依山傍水，便于水運，俗傳祝英台葬此。

（四）龍潭石

龍潭〔1〕金陵〔2〕下七十餘里，沿大江，地名七星觀，至山口、倉頭〔3〕一帶，皆産石數種：有露土者，有半埋者。一種色青，質堅，透漏文理如太湖者。一種色微青，性堅，稍覺頑夯，可用起脚壓泛〔4〕。一種色紋古拙〔5〕，無漏，宜單點。一種色青如核桃紋多皴法〔6〕者，掇能合皴，如畫爲妙。

［釋文］

龍潭在南京之東約七十里，沿長江有地名叫「七星觀」，一直到山口、倉頭一帶，都産石數種；有露出土上的，有半埋在土中的。其中一種色青質堅，透漏，紋理類似太湖石。一種色微青，性堅實，稍覺頑笨，堆山時可供立根後蓋樁頭之用。一種花紋古拙，没有洞竅，宜于單點。一種色青有紋，像核桃殼而多皴的，堆時如能拼合皴紋，像山水畫一樣最好。

［注釋］

〔1〕龍潭——原屬江蘇省句容縣，今屬南京市。滬寧鐵路設龍潭車站。
〔2〕金陵——南京古名。戰國楚置「金陵邑」；唐更名爲「金陵」；五代楊吴時，曾置「金陵府」于此。
〔3〕七星觀、山口、倉頭——均爲龍潭沿江一帶小地名。
〔4〕壓泛——作覆蓋樁頭解。
〔5〕古拙——有古樸拙茂之意。
〔6〕皴法——即山水畫家畫山石染擦之法，有大斧劈皴、小斧劈皴、雲頭皴、雨點皴、披麻皴、折帶皴、荷葉筋皴等。

（五）青龍山石

金陵青龍山〔1〕石，大圈大孔〔2〕者，全用匠作鑿取，做成峯石，只一面勢者。自來俗人以此爲太湖主峯，凡花石反呼爲「脚石」。掇如爐瓶式，更加以劈峯〔3〕，儼如刀山劍樹者斯也。或點竹樹下，不可高掇。

［釋文］

南京青龍山石，有一種大圈大孔的，是完全由工匠鑿取下來，做成假山的峯石，但形勢衹有一面可看。過去有人用之作爲太湖石主峯的，現在「花石」反而稱爲「脚石」。堆疊成像供桌上的香爐、花瓶式様，再加上劈峯，這種山就真像「刀山劍樹」。也可以點放在竹樹之下，但不宜高疊。

［注釋］

〔1〕青龍山——在南京市中山門外，以出石料及石灰著稱。

〔2〕大圈大孔——謂有大而且曲的圓眼。

〔3〕 髣峯——各版本均作「青峯」，《喜詠軒叢書》本作「髣峯」，「青」字似爲「髣」字之誤。

（六） 靈璧石

宿州〔1〕靈璧縣〔2〕地名「磬山」，石産土中，歲久〔3〕，穴深數丈。其質爲赤泥漬滿，土人多以鐵刃遍刮，凡三次；既露石色，卽以鐵絲箒或竹箒兼磁末〔4〕刷治清潤，扣之鏗然〔5〕有聲，石底多有漬土不能盡者。石在土中，隨其大小具體而生，或成物狀，或成峯巒，巉巖〔6〕透空，其眼少〔7〕有宛轉之勢；須藉斧鑿，修治磨礲，以全其美。或一兩面〔8〕，或三面，若四面全者，卽是從土中生起，凡數百之中無一二。有得四面者，擇其奇巧處鐫治，取其底平，可以頓置几案，亦可以掇小景。有一種扁樸〔9〕或成雲氣者，懸之室中爲磬，《書》〔10〕所謂「泗濱浮磬」〔11〕是也。

［釋文］

宿州靈璧縣有一個地方名叫「磬山」，土中產一種石，因久經採取，穴深已達數丈。其本身全爲紅土堵塞，取出之後，本地人多以鐵刀就石上全面刮削，共計三遍；當石色露出後，就用鐵絲箒或竹絲箒，和着磁末刷治，使之清潤，敲之鏗然作聲；但石底仍有土淤積，不能刷盡的。這種石在土中時，因其大小形狀不同，形成各種形象，有的像物體，有的像峯巒，險峭透空，其眼略有曲折之勢；須用斧鑿加以修治磨琢，使之盡美。其中一兩面，或三四面俱全，而從土中自然生成的，在幾百塊之中，很難得到一二塊。其能四面都好的，可就其奇巧之處，加以雕琢，取其中底部平穩的，置之几案之上，也可製成小型盆景。另有一種，形狀扁樸，或帶有雲氣紋的，懸之室中，可以爲磬。《尚書》所謂「泗濱浮磬」，蓋卽指此。

［注釋］

〔1〕宿州——卽今安徽省宿縣，屬鳳陽地區。

〔2〕靈璧縣——原屬宿州，今屬安徽省鳳陽地區，縣境內有磬山，出磬石。

〔3〕歲久——原文爲「採取歲久」，明版本無「採取」兩字，而《雲林石譜》有之，今仍按明版本改正並予注釋。

〔4〕磁末——「以鐵絲箒或竹箒兼磁末刷治清潤」，乃應用磁石的感應作用，藉以清除石隙殘留物質的措施。

〔5〕鏗然——鐘聲，或金石聲。《禮記》：「鐘聲鏗」。

〔6〕巉巖——見崑山石注〔3〕。

〔7〕眼少——原書各版本均作「眼少」，《雲林石譜》作「狀妙」，今按原版本改正。

〔8〕或一兩面——明版作「或一面或三四面全者」，《雲林石譜》：「或一兩面，或三面，若四面全者」，今按《雲林石譜》改正。

〔9〕扁樸——說明石形的扁而質樸。

〔10〕《書》——原文「所謂」前脫一「書」字，《雲林石譜》有「書」字。《書》即《尚書》，經書名，又稱《書經》。簡稱《書》。

〔11〕泗濱浮磬——《書·禹貢》：「泗濱浮磬」。《傳》：「泗水涯，水中見石，可以爲磬。」《疏》：「石在水旁，水中見石，似若水中浮然，此石可以作磬，故謂之『浮磬』。」泗水亦稱「泗河」，源出山東、泗水縣東陪尾山，四源並發，故名。

（七）峴山石

鎮江府〔1〕城南大峴山〔2〕一帶，皆產石。小者全質，大者鐫取相連處。奇怪萬狀，色黃，清潤而堅，扣之有聲。有色灰青〔3〕者，石多穿眼相通，可掇假山。

［釋文］

鎮江府城南大峴山一帶，皆産石。取石時，小的可整個取出，大的從其相連處鑿開取出。這種石形奇怪萬狀，色黄，質清潤而堅實，敲之有聲。另有一種呈灰青色的，石眼都連貫相通，可用以掇山。

［注釋］

〔1〕鎮江府——今江蘇省鎮江市。

〔2〕大峴山——在今鎮江市南郊。《雲林石譜》：「鎮江石：鎮江府去城十五里，地名黄山。鶴林寺之西南，又一山名峴山，在黄山之東。」

〔3〕灰青——明版原本作「灰褐」或「灰青」，不一致。未見實物，不便肯定，姑存疑。

（八）宣石

宣石産于寧國縣〔1〕所屬，其色潔白，多于赤土積漬，須用刷洗，纔見其質。或梅雨〔2〕

天瓦溝〔3〕下水，冲〔4〕盡土色。惟斯石應舊，逾舊逾白，儼如雪山也。一種名「馬牙宣」〔5〕，可置几案。

［釋文］

宣石産于寧國縣所屬的地方，石色潔白，在地下多被紅土淤積塞滿，必經洗刷，纔見本質。或在梅雨天，就瓦溝下水冲刷，能使土色去盡。但這種石要求陳舊，愈舊逾白，真像「雪山」一般，另有一種名「馬牙宣」的，可置之几案之上，作清供之用。

［注釋］

〔1〕寧國縣——屬安徽省，在宣城縣東南，今屬蕪湖地區，所産之石，世稱「宣石」。

〔2〕梅雨——爲每年農曆四、五月梅子黄熟時，所下之雨。亦稱「霉雨」。唐太宗詩：「梅雨灑芳田」。

〔3〕瓦溝——卽屋上用瓦砌成引雨水下流的水路，稱「瓦溝」，亦稱「天溝」。

〔4〕冲——明版作「克」，疑誤，按《喜詠軒叢書》本改作「冲」。

〔5〕馬牙宣——謂宣石生稜角似馬牙者，故名。

（九）湖口石

江州〔1〕湖口〔2〕，石有數種，或産水中〔3〕，或産水際。一種色青，渾然〔4〕成峯、巒、巖、壑，或類諸物。一種扁〔5〕薄嵌空，穿眼通透，幾若木版以利刀剜刻之狀，石理如刷絲〔6〕，色亦微潤〔7〕，扣之有聲。東坡〔8〕稱賞，目之爲：「壺中九華」〔9〕，有「百金歸買〔10〕小玲瓏」之語。

［釋文］

九江湖口地方，有石數種，或産水中，或産水邊。一種青色，自然生成像峯、巒、巖、壑，或類似其他各種形象。一種扁薄而有孔隙，洞眼相互貫通，類似一塊木板曾用快刀剜刻之狀，石的紋路一條一條像刷絲，色也微潤，敲之有聲。蘇東坡對此曾加稱賞，視爲「壺中九華」，並詠有「百金歸買小玲瓏」的詩句。

［注釋］

〔1〕江州——即今江西省九江市。

〔2〕湖口——今江西省湖口縣，因其位于鄱陽湖之東口，故名。

〔3〕或産水中——本句原文脱落，今按《雲林石譜》補正。

〔4〕渾然——原文作「混然」，按《雲林石譜》改正。渾然含自然之意。

〔5〕扁——原文作「匾」，按《雲林石譜》改正。

〔6〕刷絲——謂刷上的鬃毛，一條一條聳起似絲，此蓋指石上的紋路而言。

〔7〕色亦微潤——原文脱「色」、「潤」二字，按《雲林石譜》補正。

〔8〕東坡——蘇東坡，名軾，字子瞻，宋代四川眉山人。曾貶黄州，築室東坡，因自號「東坡居士」，工詩文，爲宋一代大家。

〔9〕壺中九華——蘇軾《壺中九華詩並引》：「湖口人李正臣，蓄異石『九峯』，玲瓏宛轉，若窗櫺然，予欲以百金買之，與『仇池石』爲偶。方南遷，未暇也。名之曰『壺中九華』，且以詩記之：『清溪電轉失雲峯，夢裏猶驚翠掃空。五嶺莫愁千障外，九華今在一壺中。天池水落層層見，玉女窗虚處處通。念我仇池太孤絶，百金歸買小玲瓏。』」（他本亦作碧玲瓏）九華，山名「壺」字原作「世」，誤。

〔10〕歸買——原本作「歸買」，明版本作「歸賈」。

（十）英石

英州〔1〕含光、真陽縣〔2〕之間，石産溪水中，有數種：一微青色，（間）〔3〕有通〔4〕白脈籠絡；一微灰黑；一淺緑；各〔5〕有峯、巒，嵌空穿眼，宛轉相通，其質稍潤，扣之微有聲。可置几案，亦可點盆，亦可掇小景。有一種色白，四面峯巒聳拔，多稜角〔6〕，稍瑩徹〔7〕，面面有光，可鑑物，扣之無聲。採人就水中度奇巧處鑿取，只可置几案。

［釋文］

在英州的含光、真陽兩縣之間，溪水之中産石數種。一種色微青，有白紋籠罩其上；一種色微灰黑；一種色淺緑；各有峯巒，窪孔、石眼，曲折相連，石質略帶清潤，敲之微有聲音。可置几案之上，或以點放盆中，也可叠成小景。又有一種色白，四面像峯巒突起，形多稜角，色略透明，面面都有光，可以照物，敲之無聲。採石人從水中就其奇巧之處鑿而取之，衹可置之几案，以供賞玩。

〔注釋〕

〔1〕英州——卽今廣東省英德縣，宋置府，元改州，明改縣。產一種石，具有峯巒巖壑之狀，本地人採取販運，供裝點假山之用，石以「瘦」、「透」、「漏」、「皺」四者備具爲佳。杜綰《雲林石譜》中，曾贊美之。

〔2〕含光、真陽——含光原爲「含洭」，或作「含洸」；真陽原爲「湞陽」，亦作「貞陽」。均漢代所置的二縣名，今廢。英州：五代時南漢置，今在廣東英德縣東，宋名湞陽郡。含光：卽漢含洭縣，《宋志》訛爲「含洸」，明初置含光巡司，今廢。在廣東英德縣西七十五里。

〔3〕間——原本有「間」字，明版本無。

〔4〕通——明版本「有」字下有「通」字，而《雲林石譜》無。

〔5〕各——原文脫落「各」字，今按《雲林石譜》補正。

〔6〕稜角——稜本作棱，棱角，係指其天生不平的角狀突起。

〔7〕瑩徹——有晶明透亮之意。

（十一）散兵石

「散兵」者，漢張子房〔1〕楚歌散兵處也，故名。其地在巢湖〔2〕之南，其石若大若小，形狀百類，浮露于山。其質堅，其色青黑，有如太湖者，有古拙皴紋者。土人採而裝出販賣，維揚〔3〕好事，耑〔4〕買其石。有最大巧妙透漏如太湖峯，更佳者，未嘗採也。

［釋文］

「散兵」這個地名是漢·張子房用楚歌驚散楚兵的地方，因此得名。這地方在安徽巢湖的南面，這種石，或大或小，形狀百出，都露出于山地之上。質地堅實，色彩青黑，有像太湖石的，有的古雅質樸，表面生有皴紋的。當地人多採取運出販賣，揚州愛好的人，專愛買這種石。其中有最大而巧妙透漏的像太湖石之峯，更好的尚未採到。

［注釋］

〔1〕張子房——漢代張良，字子房，曾佐高祖（劉邦），爲之策劃，用楚歌而敗楚兵。

〔2〕巢湖——在今安徽省巢縣，亦名「焦湖」，港汊三百六十，納諸水，以注大江，爲淮西巨浸。

〔3〕維揚——今江蘇省揚州市。隋置「揚州」于江都，唐以後遂專以其地名「揚州」，明、清兩代，置揚州府，民國改江都縣，解放後改揚州市。

〔4〕耑買——「耑」俗作「専」。

（十二） 黃石

黃石是處皆産，其質堅，不入斧鑿，其文古拙。如常州〔1〕黃山，蘇州堯峯山〔2〕，鎮江圌山〔3〕，沿大江直至采石〔4〕之上皆産。俗人只知頑夯，而不知奇妙也。

［釋文］

黃石，到處皆産。石質堅實，斧鑿不入，石紋古拙。常州的黃山，蘇州的堯峯山，鎮江的圌山，沿長江直至采石磯以上，都有出産。一般人只知其頑拙，而不知其奇妙所在。

［注釋］

〔1〕常州——即今江蘇省常州市及武進縣。《清一統志》：「黃山在武進縣孟河東，登之可俯瞰大江，有小山入江，謂之『吴尾』，以羣山自西來此而盡故也。」

〔2〕堯峯山——在今蘇州市西南，相傳唐堯時洪水泛濫，吴人避居于此。

〔3〕圌山——在江蘇省鎮江市東北六十里，爲江防要地。宋將韓世忠嘗守此，以禦金海道之兵。

〔4〕采石——爲牛渚山下突出之磯。宋·虞允文嘗大敗金兵于此，今屬安徽省馬鞍山市。

（十三）舊石

世之好事，慕聞虛名，鑽求舊石。某名園某峯石，某名人題詠，某代傳至于今，斯真太湖石也，今廢，欲待價而沽，不惜多金，售爲古玩還可。又有惟聞舊石，重價買者。夫太湖石者，自古至今，好事採多，似鮮矣。如別山有未開取者，擇其透漏、青骨、堅質採之，未嘗亞太湖也。斯亘古露風，何爲新耶？何爲舊耶？凡采石惟盤駁、人工裝載之費，到園殊費幾何？予聞一石名「百米峯」，詢之費百米所得，故名。今欲易百米，再盤百米，復名「二百米峯」也。凡石露風則舊，搜土則新；雖有土色，未幾雨露，亦成舊矣。

〔釋文〕

世上愛慕風雅的人，往往徒慕石的虛名，搜索舊石。聽到某名園的某峯石，曾經某名人題詠，從某代傳流至今，是真正的太湖石，現在那個庭園，業經荒廢，所有山石，想待價出售；不惜重價，買作古董看待還可。又有祇要聽到是舊石，就不惜高價收買的人。要知道所謂太湖石，從古到今，被愛好的人採得很多，好像已經所餘無幾了。假如別的山，尚未經開採，儘可選其形象「透」「漏」、青骨、堅質的加以採回，比之太湖石，未嘗不如。且石在山上，一直露在風中，還有什麼新舊之分？採石雖然祇要支出搬運和人工裝載的費用，但是運到園裏，不知還要花費多少金錢。聽說從前有一塊石，名叫「百米峯」的，因爲曾花百石米購置得名：假如現在花百石米換一塊石，再加上搬運費百石米，則這塊石不就要叫「二百米峯」嗎？所有的石，露在風中就舊，剛出土時就新：雖有土色，但經過雨露淋洗之後不久，也就成爲舊的了。

（十四）錦川石

斯石宜舊。有五色者，有純綠者。紋如畫松皮，高丈餘，闊盈尺者貴，丈內者多。近宜興〔1〕有石如錦川〔2〕，其紋眼嵌石子，色亦不佳。舊者紋眼嵌空，色質清潤，可以花間樹下，插立可觀。如理假山，猶類劈峯〔3〕。

［釋文］

錦川石，以舊的爲宜。其中有五色的，有純緑色的。紋路像畫的松樹皮，高達一丈多和寬及一尺多的最貴，但總是在一丈以内者爲多。近來宜興産石有的像錦川一樣，它的紋和眼上像有石子嵌入，色彩也不美觀。舊石的紋和眼都窪空，色質也清瑩潤澤，插立在花間或樹下，頗爲雅觀。如用以堆叠假山，更像劈峯一樣。

［注釋］

〔1〕宜興——見宜興石注〔1〕。

〔2〕錦川——《明一統志》：「錦川在遼東錦州城西」，卽遼寧錦縣之小凌河，産石名錦州石，或錦川石。又：明·王世貞《弇山園記》：「錦州峯森秀，真蜀錦也，名之曰『浣花』。」注：錦川石有彩石，亦稱錦石，産地不一。《弇山園記五》：「錦峯是蜀品第一」，則錦川石又似在四川矣，待考。

〔3〕劈峯——石之剖裂如斧劈開，壁之若削者。唐·白居易《自蜀江至洞庭湖口有感而作》：「長波逐若瀉，連山鑿若劈」。

（十五）花石綱〔1〕

宋「花石綱」，河南所屬，邊近山東，隨處便有，是運之所遺者。其石巧妙者多，緣陸路頗艱，有好事者，少取塊石置園中，生色多矣。

［釋文］

宋朝的花石綱，在河南所屬的邊境毗連山東的地區，到處都有，這是當年採運途中所遺留下來的。石形巧妙的很多，由于陸路裝運，很爲困難，有愛好的人，略取數塊，置之園中，可以生色不少。

［注釋］

〔1〕花石綱——見選石注〔7〕。

（十六）六合石子

六合縣[1]靈居巖，沙土中及水際，產瑪瑙[2]石子，頗細碎。有大如拳、純白、五色紋者，有純五色者；其[3]温潤瑩徹，擇紋彩斑斕[4]取之，鋪地如錦。或置澗壑及流水處，自然清目[5]。

［釋文］

在六合縣靈居巖，沙土中和水邊，產一種瑪瑙石子，石很細小。有大如拳頭，呈純白及五色紋的，有純五色的。形質和潤透亮，選擇其紋彩斑斕者採取之，鋪地如錦繡之狀。或置之澗壑和流水之處，自然清目可愛。

［注釋］

〔1〕六合縣——今屬江蘇省南京市，在南京對岸。「靈居巖」今通稱「靈巖山」，產一種瑪瑙石子，五色斑斕，其佳者自成石罐形，供置案頭，或蓄之水盂中，頗爲雅致。

〔2〕瑪瑙——爲石英類礦物，與玉髓同質，頗名貴。此處指石子生成似瑪瑙而言。

〔3〕其——原文作「甚」，誤，今按明版本改正。

〔4〕斑斕——文彩燦然之貌。《拾遺記》：「玉梁之側，有斑斕，自然雲、霞、龍、鳳之狀。」

〔5〕 目——原本作「白」，今按明版本改正。

夫葺園圃假山，處處有好事，處處有石塊，但不得其人。欲詢〔1〕出石之所，到地有山，似當有石，雖不得巧妙者，隨其頑夯，但有文理可也。曾見宋·杜綰〔2〕《石譜》，何處無石？予少用過石處，聊記于右，餘未見者不録。

［釋文］

大凡堆叠園林的假山，處處有愛好山石的人，也處處有良好的石塊，但得不到精于叠山的人。要問產石的地方，則到處都有山，也似乎都有石頭，雖不能得到巧妙的，但無論如何粗笨，衹要有紋路的就可以用。曾見過宋人杜綰所著的《石譜》，哪處没有石頭呢？我用過各地所產的石料不多，約略記之如上，其餘没有見過的，就略而不記。

［注釋］

〔1〕 詢——原本作「詢」，明版本作「拘」，似筆誤。
〔2〕 杜綰——字季揚，號雲林居士，宋人，曾著有《雲林石譜》，共收石一百十六種，比一般説石者，較爲詳盡。

十一 借景

構園無格，借景有因。切要四時，何關八宅〔1〕。林皋延竚〔2〕，相緣竹樹蕭森〔3〕，城市喧卑，必擇居鄰閒逸。高原極望，遠岫環屏，堂開淑氣〔4〕侵人，門引春流到澤。嫣紅〔5〕艷紫，欣逢花裏神仙〔6〕；樂聖稱賢〔7〕，足並山中宰相〔8〕。《閒居》〔9〕曾賦，「芳草」〔10〕應憐。掃徑護蘭芽，分香幽室；捲簾邀燕子，閒剪輕風。片片飛花，絲絲眠柳；寒生料峭〔11〕，高架鞦韆〔12〕；興適清偏，怡情〔13〕丘壑。頓開塵外想，擬入畫中行。林陰初出鶯歌，山曲忽聞樵唱〔14〕；風生林樾，境入羲皇〔15〕。幽人卽韻于松寮；逸士彈琴于篁裏。紅衣〔16〕新浴，碧玉輕敲。看竹溪灣，觀魚濠上。山容藹藹〔17〕，行雲故落凭欄；水面鱗鱗〔18〕爽氣覺來欹枕〔19〕。南軒寄傲〔20〕，北牖虛陰；半窗碧隱蕉桐，環堵翠延蘿薜。俯流玩〔21〕月，坐石品泉。苧衣〔22〕不耐涼新，池荷香綰；梧葉〔23〕忽驚秋落，蟲草〔24〕鳴幽。湖平無際之浮光，山媚可餐之秀色。寓目一行白鷺〔25〕，醉顏〔26〕幾陣丹楓。眺遠高臺，搔首青天〔27〕那可問；凭虛敞閣，舉杯明月〔28〕自相邀。冉冉天香，悠悠桂子〔29〕。但覺籬殘菊晚，應探嶺暖梅先。少繫杖頭〔30〕，招攜鄰曲〔31〕；恍來林月美人〔32〕，却卧雪廬高士〔33〕。雲冪〔34〕黯黯，木葉蕭蕭；

風鴉幾樹夕陽，寒雁數聲殘月。書窗夢醒，孤影遥吟；錦幛偎紅，六花呈瑞〔35〕。棹興若過剡曲〔36〕；掃烹果勝黨家〔37〕。冷韻堪賡，清名可並；花殊不謝，景摘偏新。因借無由，觸情俱是。

［釋文］

造園雖無一定格局，但借景總要有所依據。主要與四季的氣候密切配合，八宅的説法則並不重要。林下澤邊較適于閒眺，因爲有竹樹蕭森的景色。城市喧雜應設法避免，必須選人跡稀少的地方。高原眺望無際，遠山環抱如屏。堂開有和風迎人而來，門前見春水流入池沼。在嬌艷紅紫中，欣逢花裏神仙；樂聖稱賢，足比山中宰相。園中景物，四時不同。在春天：可像潘岳的賦詠《閒居》；也如屈原的獨憐「芳草」。掃除花徑，保護蘭芽，使幽室内分來香氣；捲起竹簾，來迎燕子，像春風中翻飛的剪刀。落花片片地飛舞，弱柳絲絲地低垂。春寒還在逼人，鞦韆高高架起；閒時充滿雅興，丘壑用以寄情。想出塵世外，似入畫中行。在夏天：林蔭中纔辨出鶯兒在歌，山灣裏忽聽到樵子在唱；風從林樾中吹來，境界清凉，像進入太古時代。幽人在松寮中吟詩，逸士在竹林裏彈琴。荷花出水，真如紅衣新浴；竹葉着雨，好似碧玉輕敲。溪灣欣賞叢竹，池畔觀看游魚。山色迷蒙，凭欄遠望，好像行雲故落欄前；水波蕩漾，欹枕高眠，便覺凉風送來枕上。南軒中寄托高傲的心情，北窗下接納午陰的清涼。蕉、桐綠蔭隱現在半窗之外，蘿、薜翠色蔓延到圍牆之上。行到水邊，賞玩月影；坐在石上，品評泉味。在秋天：夏衣單薄，已經不勝新凉，而池荷餘芳，依然令人留戀；梧桐葉落，忽報秋歸，草間蟲鳴，如訴憂怨。湖面平靜，現出無限的浮光；山色嫵媚，竟像可餐的秀色。看到一行潔白似雪的鷺鷥，幾棵紅艷如醉的丹楓。望遠臺空，接青天，搔首乍問；凌空敞閣，呼明月，舉杯相邀。天香冉冉而來，桂子悠悠而落。在冬天：祇見籬邊的菊花，經過深秋的季節已殘，應探望嶺上的梅花，曾否有向陽的枝頭先放？少帶杖頭酒錢，邀約鄰居野老。看到梅花景色，月明林下，真疑美人步來；雪滿山中，却有高士清卧。雲冪黯黯似暮，木葉蕭蕭作聲。晚風中幾樹昏鴉；殘月裏數聲寒雁。書窗夢醒，孤影吟詩；錦幃圍爐，寒天賞雪。扁舟乘興，訪友過剡曲；掃雪烹茶，風味勝黨家。可以繼續嚴冬的韻事，可以比擬清高的名流。各種名花四時不落，而景偏在乎抱取新奇。因地借景，並無一定來由；觸景生情，到處凭人選取。

［注釋］

〔1〕　八宅——猶言八方，陽宅按八卦方位有東四宅、西四宅之分。《釋名》：「宅，擇也。擇吉處而營之也。」

〔2〕　延竚——猶言久立。《楚辭》：「結桂枝兮延竚」。

〔3〕蕭森——衰颯貌。唐·杜甫詩：「巫山巫峽氣蕭森」。

〔4〕淑氣——卽温和之氣。唐太宗詩：「韶光開令節，淑氣動芳年。」

〔5〕嫣紅——謂姣美的紅色。唐·李商隱詩：「側近嫣紅伴柔緑」。艷紫，謂艷麗的紫色。

〔6〕花裏神仙——引用明·馮夢龍《醒世恒言》中「灌園叟晚逢仙女」的故事。

〔7〕樂聖稱賢——唐·李適之《爲李林甫陰中罷知政事賦詩》曰：「避賢初罷相，樂聖且銜杯。」仇少鼇《杜少陵詩集詳注》杜甫《飲中八仙歌》：「銜杯樂聖稱世賢。」注引《魏志》：「醉客謂酒清者爲聖人，濁者爲賢人」。

〔8〕山中宰相——《南史》：「陶弘景，屢加禮聘，並不出，國家每有大事，無不前以咨詢，時人稱爲『山中宰相』。」按陶弘景隱居句容縣茅山。

〔9〕閒居——賦名。晉·潘岳撰。

〔10〕芳草——卽香草。《楚辭》：「何昔日之芳草兮，今直爲此蕭艾也。」

〔11〕料峭——風著肌微寒貌。宋·蘇軾詩：「漸覺東風料峭寒」。

〔12〕鞦韆——是繩戲，亦作秋千。《古今藝術圖》：「鞦韆，北方山戎之戲，以習輕趫者。齊桓公伐山戎還，始傳中國。漢、唐以來，宫中多有之。」今爲體育器具。

〔13〕怡情——明版本作「貽情」，似誤。

〔14〕樵唱——明版本作「農唱」，似以「樵唱」爲宜。

〔15〕羲皇——卽伏羲，此處作太古解。晉·陶潛《與子儼等疏》：「常言五六月中，北窗下卧，遇凉風暫至，自謂是羲皇上人。」

〔16〕紅衣——指蓮花。唐·許渾詩：「烟開翠扇清風曉，水泛紅衣白露秋。」

〔17〕藹藹——《文選》漢·司馬相如《長門賦》：「望中庭之藹藹兮」，注：「藹藹，月光微闇之貌。」根據文意，似應爲「靄靄」，「靄」，《韻會》：「雲集貌」。

〔18〕鱗鱗——謂水紋波起如魚鱗。南朝梁·何遜詩：「鱗鱗逆去水」。宋·蘇軾詩：「曲池流水細鱗鱗」。

〔19〕 欹枕——小眠之意。

〔20〕 南軒寄傲——晉·陶潛《歸去來辭》：「依南窗以寄傲」。「北牖虛陰」已見本文羲皇注。

〔21〕 玩——明版本作「先」。

〔22〕 苧衣——以苧麻絲織成之布，俗稱「夏布」。苧衣，即以夏布製成之衣。

〔23〕 梧葉——《羣芳譜》：「梧桐知秋，當立秋日，爲某時立秋，則一葉先墜。」梧桐屬梧桐科喬木。

〔24〕 蟲草——謂棲息草間之蟲，蓋指秋日蟋蟀之類而言。《詩經》：「喓喓草蟲」。

〔25〕 一行白鷺——鷺飛時成行。唐·杜甫詩：「一行白鷺上青天」。明版本作「一行白鳥」似以「一行白鷺」爲是。

〔26〕 醉顏——楓葉經霜紅如醉之意。金·王鬱《古別離》：「江林楓葉秋容醉」。楓亦稱楓香，屬金縷梅科喬木。蘇州天平山，南京棲霞山，都以楓樹紅葉著稱于世。

〔27〕 搔首問青天——搔首，《詩·邶風·靜女》：「愛而不見，搔首踟躕。」《搔首集》：（雲仙雜記）李白登華山落雁峯曰：「此山最高，呼吸之氣，通于天帝矣，恨不携謝朓驚人詩來，搔首問青天耳！」

〔28〕 舉杯邀明月——唐·李白詩：「舉杯邀明月，對影成三人。」

〔29〕 天香、桂子——俱指桂花而言。唐·宋之問《靈隱詩》：「桂子月中落，天香雲外飄。」桂花亦稱木犀，屬木犀科中喬木，有金桂、銀桂、丹桂及月月桂、四季桂等品種。

〔30〕 杖頭——謂古人多以錢掛杖頭以沽酒。唐·王績詩：「不應長賣卜，須得杖頭錢。」宋·蘇軾詩：「芒鞋青竹杖，日掛百錢遊」。

〔31〕 鄰曲——鄰居之意。晉·陶潛詩：「鄰曲時時來，抗言談在昔。」

〔32〕 林月美人——指梅花而言。明·高啟詩：「雪滿山中高士臥，月明林下美人來。」《輿圖摘要》：「羅浮飛雲峯側，趙師雄一日薄暮，于林間見美人淡粧素服，師雄與語，芳香襲人，因扣酒家共飲。少頃一綠衣童來，且歌且舞，師雄醉而臥，久之，東方已白，視大梅樹下，翠衣啾啾，參橫月落。」

〔33〕 雪廬高士——《後漢書·袁安傳》注：《汝南先賢傳》：「時值大雪，積地丈餘，洛陽令自出按行，見人家皆除雪出，有乞食者，至袁安門，無有行路，謂安已死。令人除雪入户，見安僵卧，問何以不出？安曰：『大

雪人皆卧，不宜干人。』」（見列傳卷三十五）

〔34〕雲冪——原本依明本作「雲冥」，按《喜詠軒叢書》本改正。

〔35〕六花呈瑞——六花指雪，草木花多五出，雪獨六出。又雪殺害蟲，致豐年，因以爲瑞。唐·趙彦昭詩：「俄逢瑞雪應陽春」。

〔36〕剡曲——卽剡溪，爲王子猷訪戴安道之處。《語林》：「王子猷居山陰，大雪，夜開室命酌，四望皎然，因詠《招隱詩》，忽憶戴安道，時戴在剡溪，便乘船往，經宿方至，既造門便返。或問之，對曰：『乘興而來，興盡而返，何必訪戴。』」

〔37〕黨家——見園說注〔31〕。

夫借景，林園之最要者也。如遠借，鄰借，仰借，俯借，應時而借。然物情所逗，目寄〔1〕心期〔2〕，似意在筆先，庶幾描寫之盡哉。

［釋文］

借景爲造園最重要的條件。借景之法，可分爲「遠借」（從遠處借），「鄰借」（從近處借），「仰借」（從高處借），「俯借」（從低處借），以及「應時而借」（應時令而借）。然而物性的誘導，引起了目之所接，心之所感而結成的意境，必須于下筆之先，訂好腹稿，纔能描寫盡致。

［注釋］

〔1〕目寄——謂目之所接觸。
〔2〕心期——謂心之所感想。

崇禎甲戌歲〔1〕，予年五十有三〔2〕，歷盡風塵〔3〕，業遊已倦。少有林下風趣〔4〕，逃名〔5〕丘壑中，久資林園，似與世故〔6〕覺遠。惟聞時事紛紛〔7〕，隱心皆然，愧無買山〔8〕力，甘爲桃源溪口〔9〕人也。自嘆生人之時也〔10〕，不遇時也：武侯〔11〕三國之師，梁公〔12〕女王之相，古之賢豪之時也，大不遇時也！何況草野疏愚，涉身丘壑。暇著斯「冶」，欲示二兒長生、長吉，但覓梨栗〔13〕而已。故梓行〔14〕，合爲世便。

自識

［釋文］

崇禎七年（公元一六三四年），我五十三歲，歷盡了風塵中的辛苦，已經厭倦了爲生活所迫的遠遊。我自小便有優遊林泉的興趣，因而逃名于山水之中，長期從事造園事業，好像與世事感到疏遠。每逢時局紛亂，人各設法隱居以求安度，而我却愧無買山之力，祇能甘心作一個依附于隱士的人而已！自嘆生不逢辰，古代賢豪有爲的人如：諸葛亮之僅爲蜀漢的帝師，狄仁傑之祇作武則天的宰相，都是爲時運所限，而得不到大好的際遇；何況我祇是一個草野閒散、久居山林的人呢？暇時著成此書，擬以指示長生、長吉兩兒，祇是他們都年幼無知。故特印行問世，以廣流傳。

自識

〔注釋〕

〔1〕崇禎甲戌歲——按崇禎爲明思宗（朱由檢）的年號。崇禎甲戌歲爲崇禎七年，即公元一六三四年。

〔2〕年五十有三——計成生于萬曆十年（壬午），即公元一五八二年。

〔3〕風塵——猶言道路奔馳，旅途辛苦之意。唐·杜甫詩：「薄宦走風塵」。

〔4〕風趣——猶言好尚與興趣。南朝梁·沈約文：「風趣高奇，志托夷遠。」

〔5〕逃名——謂有名而不居。《後漢書》：「逃名而名我隨，避名而名我追。」丘壑，即山水。《正韻》：「丘，阜也。壑，溝也。」《博雅》：「小陵曰丘。」

〔6〕世故——謂世俗務。《列子》：「衛·端禾叔者，一家累萬金，不治世故，放意所好。」

〔7〕紛紛——作多亂解。

〔8〕買山——《何氏語林》：「于頔鎮襄陽，廬山符載賚書就于，乞買山錢百萬，于即時予之。」

〔9〕桃源溪口——謂桃源附近。桃源，秦代避亂之地。見晉·陶潛《桃花源記》，後世因稱避亂之地爲「世外桃源」。

〔10〕自嘆生人之時也——自嘆懷才不遇，生不逢辰。

〔11〕武侯——即武鄉侯，爲三國時蜀漢丞相諸葛亮之封號。亮佐先主劉備定蜀，後受遺詔輔政後主，志在扶漢滅魏，恢復中原，先後出師均無功。

〔12〕梁公——爲唐代狄仁傑的封號。女王指武則天。狄在武后時，以鸞臺侍郎同平章事，屢躓屢起，而相業終不振。

〔13〕但覓梨栗——謂兒子無知。晉·陶潛《責子詩》：「白髮被兩鬢，肌膚不復實。雖有五男兒，總不好紙筆。阿舒已二八，懶惰故無匹。阿宣行志學，而不愛文術。雍端年十三，不識六與七。通子垂九齡，但覓梨與栗。天運苟如此，且進杯中物。」

〔14〕梓行——按梓爲紫葳科喬木，此處作刻版印行解。《周禮·冬官·考工記》：「攻木之工七，輪、輿、弓、廬、匠、車、梓。」《周書·梓材篇》注：「治木器曰『梓』，治土器曰『陶』，治金器曰『冶』。」

跋陳植教授《園冶注釋》

一九七一年的春天，陳植教授從南京林學院寄來了他所注釋的《園冶》，囑我校閱一下。老前輩不耻下問，真是感愧交併。時間是過得那麼快，迄今已七年有餘，當時景象，彷彿如在目前。我國造園事業，如今一天比一天發展得快，計成這部書，不論搞造園歷史與理論的，或搞造園設計的，都是徵引日廣。但是原著的文體，是用四六文體來寫的，望文生畏，很難讀懂。現在經陳教授詳加注釋，開卷豁然，是大有助于造園學術研究的。幾十年來很多人想做，而没有做得成功的工作，通過陳教授幾年來的辛勤勞動，業經脱稿，並將付梓問世，如何不令人興奮稱快呢！他的功勞無異使原著獲得再生。回想「四人幫」横行之時，各方面想看此書，但是在當時哪容一本學術書出版呢？在極端困難的條件下，得到程緒珂、嚴玲璋二同志的協助，才草草付了油印。當時我的目的是不使此書埋没下去，等于多留幾個副本而已；用心之苦，思之唏嘘。當此全國人民開始新長征之日，此書終于得以正式出版，「聖主不忘初政美，小儒唯有淚縱橫」，雖今日所處的時代不同，而我們的心情，與當年的陸游却没有什麼兩樣。

《園冶》原著的卷首有一篇阮大鋮的序，後人每以此序認做白璧之疵，也有人因此對計成有過不少微言。這種事實應運用歷史的分析，進行澄清的。明末的南海鄺露，著有《嶠雅》一書，這集中他與阮大鋮倡和的詩很多，集中皆未删去。明亡，鄺露抱琴以身殉節，史書並不因爲他是阮大鋮的弟子，而掩蓋其忠臣的光焰。况且計成的社會地位很低，以一技游于士大夫之間，更不可目爲與阮大鋮同流合污者，這一點是應該分辨的。再我認爲晚明戲曲、文學藝術小品等，它與造園是同一境界，而以不同的方式表現而已；不能孤立地來看，它們之間都有共同之點。計成的《園冶》中，總結了「因借」、「體宜」之説，列舉了「掇山」、「選石」之旨，發前人所未發，實是千古不朽的學説。他論園的興造，有説而無圖，計成兼擅丹青，並非不能畫，而其基本精神，實在造園有法而無定式，如果以式求之，遂落窠臼了。他卓越的見解在此書中很鮮明地可以見到。計成生平，未見記載，我因陳教授此書的關係，曾冒風雪到計成老家吴江，訪求遺聞、遺篇、遺跡等，終一點也得不到，因爲計姓在當地並不是世家望族。楊超伯先生撰《園冶注釋校勘記》考訂了計成的蹤跡交往，極爲詳盡，與《注釋》同爲重要著述。我的工作做得很少，如今就管見，寫了這篇跋文。回顧我們三人爲此書勞勞終日，現在總算能正式與讀者見面，真是大家值得慶幸的。

一九七八年大暑陳　從　周識于同濟大學建築史教研室

《園冶注釋》引用書目

（後見不録）

冶叙

後漢書　劉宋·范曄撰，唐·李賢注
爾雅　晉·郭璞注
本草綱目　明·李時珍撰
世説新語　劉宋·劉義慶撰
楚辭　宋·朱熹集注
禮記　漢·鄭玄注，唐·孔穎達疏
庄子　晉·郭象注，唐·陸德明音義
王右丞集　唐·王維撰
束廣微集　晉·束皙撰
江文通集　梁·江淹撰
會昌進士詩集　唐·馬戴撰
杜工部集　唐·杜甫撰
大明一統志　明·李賢等撰
經史正音切韻指南　元·劉鑑撰
明史　清·張廷玉等撰
白石詩集　宋·姜夔撰
洪武正韻　明·樂韶鳳等撰
史記集解　漢·司馬遷撰，劉宋·裴駰集解
中庸　漢·鄭玄注，宋·朱熹章句
潘黄門集　晉·潘岳撰
詩經　漢·毛亨傳，漢·鄭玄箋，唐·陸德明音義
古今樂録　陳·釋智匠撰

題詞

梁書　唐·姚思廉撰
晉書　唐·李世民撰
孟子　宋·朱熹集注
西京雜記　漢·劉歆撰

淮南子　漢・劉安撰
陶淵明集　晉・陶潛撰
水經注　後魏・酈道元撰
蜀王本記　漢・楊雄撰
潛確類書　明・陳仁錫編
宋書　梁・沈約撰
周禮・冬官・考工記　唐・杜牧注
文娛集　明・鄭元勳撰
歲寒堂詩稿　明・喬鉢莽撰
江都縣志　明・五格、黃相、程夢星纂
揚州畫舫錄　清・李斗撰

自序

書史　宋・米芾撰
漢書　漢・班固撰，唐・顏師古注
唐書　宋・歐陽修、宋祁撰
兼明書　唐・丘光庭撰
元史　明・宋濂等撰
率道人集　明・吳元撰
司馬溫公集　宋・司馬光撰
客座贅語　明・顧起元撰
詠懷堂集　明・阮大鋮撰
墨子　戰國・墨翟撰

卷一

文選注　梁・蕭統選，唐・李賢注
陸士龍文集　晉・陸雲撰
說文解字　漢・許慎撰，宋・徐鉉校
昌黎先生詩集　唐・韓愈撰
侯鯖錄　宋・趙令畤撰
嶺表錄異　唐・劉恂撰
鶴林玉露　宋・羅大經撰
何記室集　梁・何遜撰
蘇東坡集　宋・蘇軾撰
蘭臺令李伯仁集　漢・李尤撰
傅司馬集　漢・傅毅撰
芥子園畫譜　清・王概輯
白氏長慶集　唐・白居易撰
禽經　周・師曠撰，晉・張華注
陸放翁全集　宋・陸游撰
鮑明遠集　劉宋・鮑照撰
全上古三代秦漢三國六朝文　清・嚴可均輯
樊川文集　唐・杜牧撰
說苑　漢・劉向撰
清異錄　宋・陶穀撰
述異記　梁・任昉撰

六一詩話　宋·歐陽修撰
丁卯集　唐·許渾撰
古詩選　清·王士禎選
范文正公文集　宋·范仲淹撰
詞苑叢談　清·徐釚撰
書疏叢抄　明·王祖嫡撰
樂府雜録　唐·段安節撰
列朝詩集　清·錢謙益編
宋史　元·脱脱等撰
演繁露　宋·程大昌撰
書肆説鈴　明·葉秉敬撰
尚書　漢·鄭玄注
謝康樂集　晉·謝靈運撰
李太白集　唐·李白撰
張河間集　漢·張衡撰
履園叢話　清·錢泳撰
宛陵先生集　宋·梅聖俞撰
急就篇　漢·史游撰，唐·顔師古注
齊民要術　後魏·賈思勰撰
種樹書　明·俞宗本撰
矩山存稿　宋·徐經孫撰
論語　魏·何晏集解，宋·朱熹集注
襄陽記　晉·習鑿齒撰
徐僕射集　六朝陳·徐陵撰
王黄州小畜集　宋·王禹偁撰
農候雜占　清·梁章鉅撰
南史　唐·李延壽撰
李長吉集　唐·李賀撰
元氏長慶集　唐·元稹撰
開元天寶遺事　後周·王仁裕撰
孔詹事集　南齊·孔稚珪撰
道書　唐·闕名撰，敦煌抄本
謝宣城集　南齊·謝脁撰
易經　宋·朱熹注
王子安集　唐·王勃撰
枚叔集　漢·枚乘撰
廣雅　魏·張揖撰，隋·曹憲音釋
李義山詩集　唐·李商隱撰
穆天子傳　晉·孔晁注
神仙傳　晉·葛洪撰
營造法式　宋·李誡撰
唐詩記事　明·計敏夫撰
李推官披沙集　唐·李咸用撰
重修廣韻　宋·陳彭年撰
左太冲集　晉·左思撰
朱子詩選　宋·朱熹撰

列子　周·列禦寇著，晉·張湛注
正字通　明·張自烈撰
太玄經　漢·揚雄撰
説文解字繫傳　宋·徐鍇撰
左傳　周·左丘明撰，晉·杜預注
孔叢子　漢·孔鮒撰
釋名證疏　漢·劉熙撰，清·畢沅注
儀禮　漢·鄭玄注，唐·陸德明音義
酉陽雜俎　唐·段成式撰
國語　漢·賈逵注
集韻　宋·丁度等撰
唐會要　宋·王溥撰
格致鏡原　清·陳元龍編

卷二

丹陽記　劉宋·山謙之撰
曹子建集　三國魏·曹植撰
孫廷尉集　晉·孫綽撰
閑情偶寄　清·李漁撰
蘇州府志　清·宋如林、石韞玉纂
雲林石譜　宋·杜綰撰
花譜　唐·李耿撰
羣芳譜　明·王象晉撰

中州集　金·元好問撰
宋之問集　唐·宋之問撰
高太史全集　明·高啓撰
讀史方輿紀要　清·顧祖禹撰
語林　晉·裴啓撰
沈休文集　梁·沈約撰

卷三

何氏語林　明·何元朗編

索引

圖書在版編目（CIP）數據

園冶注釋（重排本）/（明）計成原著；陳植注釋．－2版．－北京：中國建築工業出版社，2015.10 (2023.6重印)

ISBN 978-7-112-18447-7

Ⅰ．①園… Ⅱ．①計…②陳… Ⅲ．①古典園林－造園林－研究－中國－明代②《園冶》－注釋 Ⅳ．

① TU986.2 ② TU-098.42

中國版本圖書館 CIP 數據核字 (2015) 第 216072 號

責任編輯：張　建
書籍設計：張悟靜
責任校對：李美娜　關　健

園冶注釋

（第二版）（重排本）

〔明〕計　成　原著　陳　植　注釋
楊超伯　校訂　陳從周　校閱

中國建築工業出版社出版、發行（北京海澱三里河路9號）
各地新華書店、建築書店經銷
北京三月天地科技有限公司制版
北京富誠彩色印刷有限公司印刷

*

開本：787×1092毫米　1/16　印張：26　插頁：5　字數：565千字
2017年10月第二版　2023年6月第二十四次印刷
定價：128.00元
ISBN 978-7-112-18447-7
（31409）

（郵政編碼　100037）

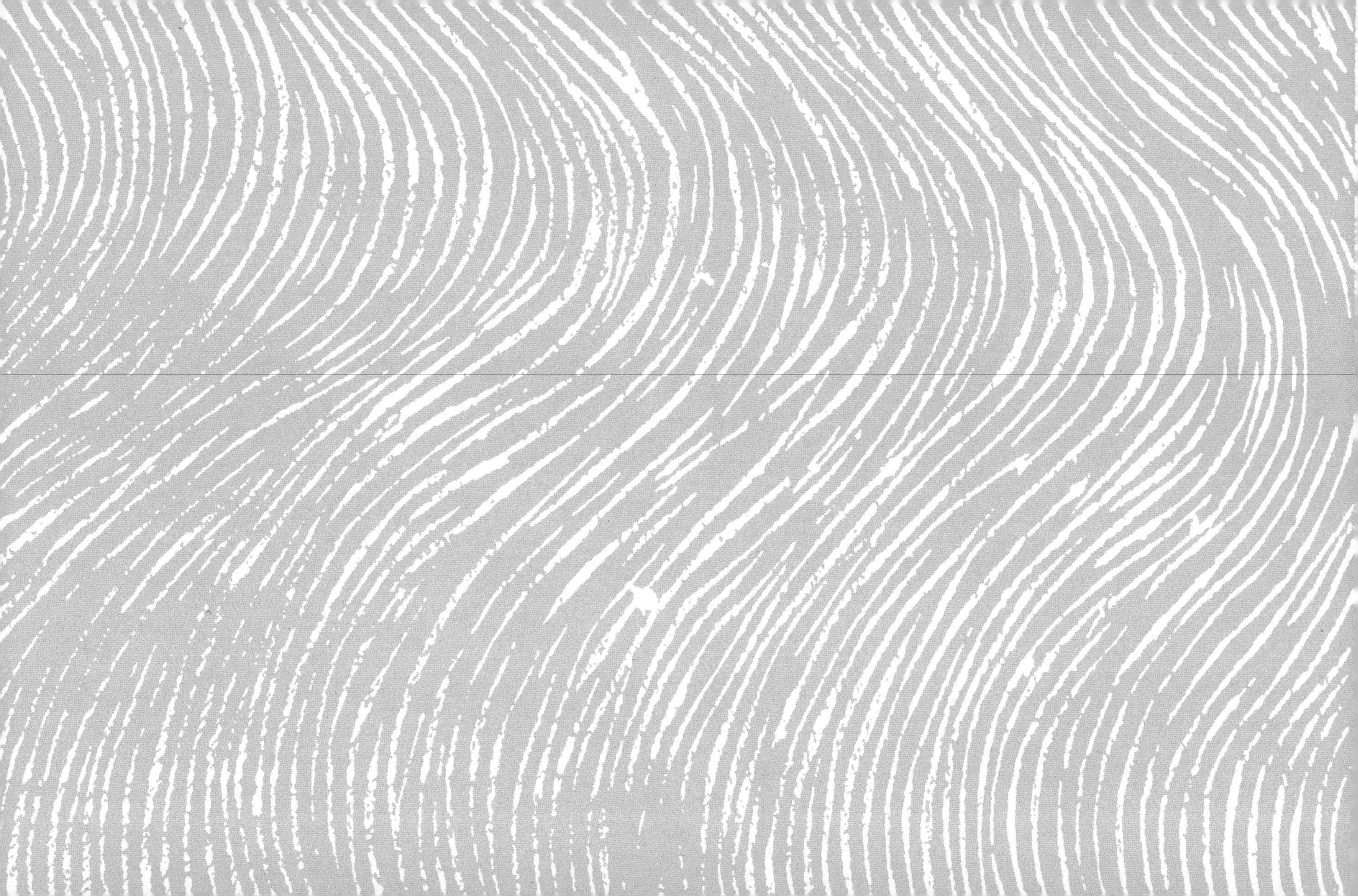

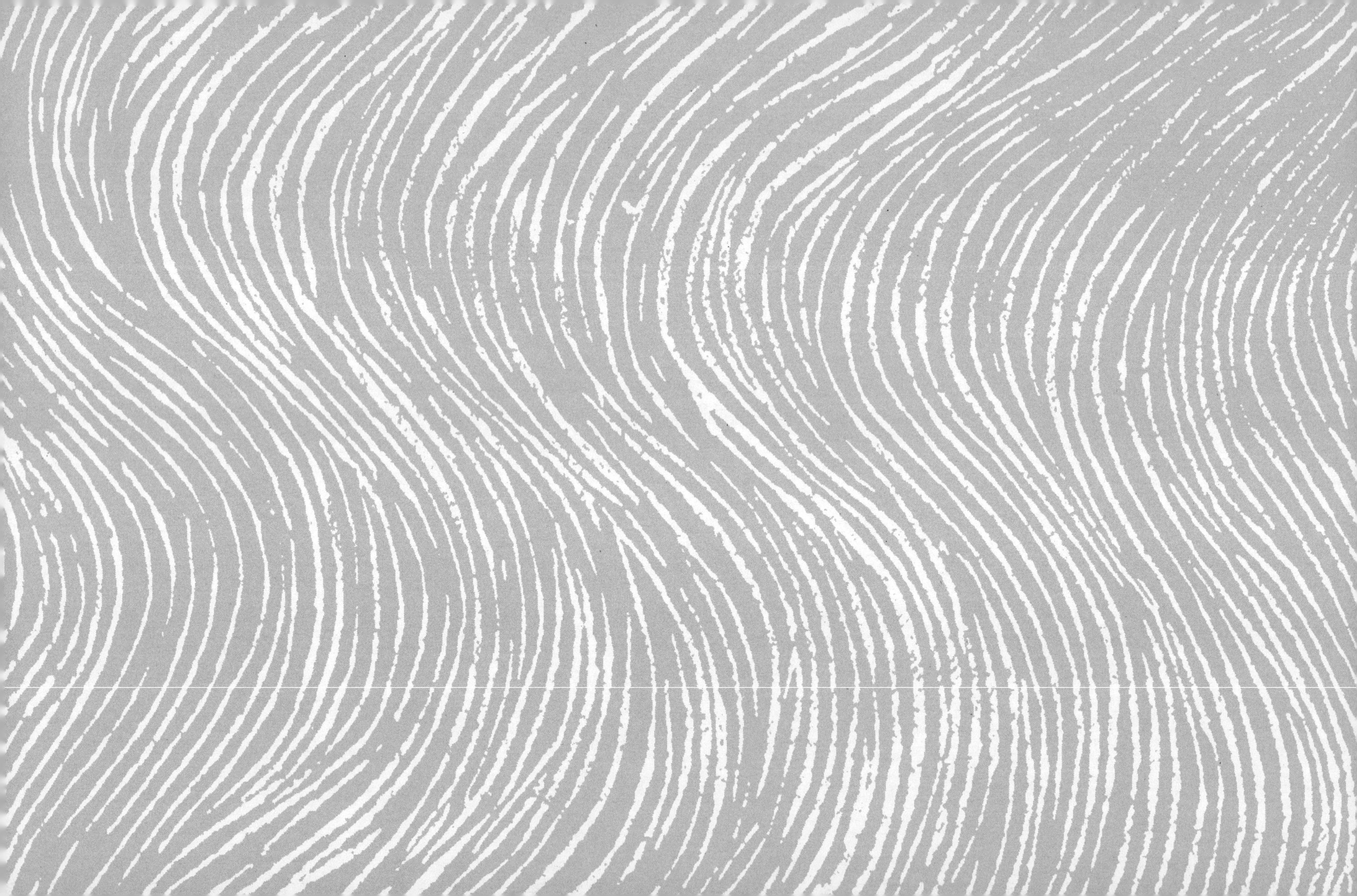